Vorwort zur ersten Auflage.

Die Prüfung der Metalle, insbesondere des Eisens, durch das Ätzen angeschliffener Stellen und die Untersuchung des Kleingefüges mit Hilfe eines einfachen und billigen Werkstattmikroskopes, das eine etwa 50—100fache Vergrößerung gestattet, vermag in sehr vielen Fällen binnen kürzester Frist außerordentlich wichtige Aufschlüsse über das betreffende Material, seine Güte, seine Erzeugung, seine Vorbehandlung, etwaige Bruchursachen usw. zu geben. Dabei sind diese Prüfungsverfahren, soweit es sich nicht um besonders eingehende Untersuchungen handelt, so einfach und schnell durchführbar, daß sie sich leicht im normalen Werkstattbetriebe ohne Einrichtung eines besonderen Laboratoriums ausführen lassen. Trotzdem hat der Verfasser während seiner Tätigkeit als Materialprüfungsingenieur immer wieder die Erfahrung machen müssen, daß selbst die einfachsten Prüfungen dieser Art trotz der nur geringen erforderlichen Vorkenntnisse und der leichten Ausführbarkeit den heute in der Praxis stehenden Ingenieuren fast ausnahmslos so gut wie völlig unbekannt sind. Der Grund dürfte darin zu suchen sein, daß es sich hier um eine neue, junge Wissenschaft, die *Metallographie*, handelt, von der der heute im Berufsleben tätige Ingenieur im allgemeinen noch nichts während seiner Ausbildungszeit gehört hat. Man eignet sich erfahrungsgemäß in späteren Jahren nicht besonders leicht Wissensgebiete an, für die die Grundlagen nicht schon während der Ausbildungszeit gelegt wurden, und zwar ist die Aneignung um so schwerer, wenn, wie hier bei der Metallographie, neue und fremdartig erscheinende Fachausdrücke dem Neuling das betreffende Gebiet als besonders geheimnisvoll und schwerverständlich erscheinen lassen.

Tatsächlich handelt es sich aber um recht einfache und leicht verständliche Verhältnisse, wenn man die Metallographie nur so weit betreiben will, wie sie dem Maschineningenieur, besonders dem Betriebsingenieur, eine billige und recht nützliche Gehilfin in der Materialerkenntnis und -prüfung sein kann. Diesem Zweck soll das vorliegende Buch dienen. Es soll kein Lehrbuch der Metallographie sein und etwa mit den bereits vorhandenen guten Büchern auf diesem Gebiete in Wettbewerb treten, es soll vielmehr dem Ingenieur, und zwar besonders dem Maschineningenieur, zeigen, in wie einfacher Weise er sich dieses Wissensgebiet für die mannigfachsten Zwecke seiner Tätigkeit dienstbar machen und wie er die meisten Untersuchungen selbst ausführen kann, ohne auf die Hilfe eines besonderen Fachmannes angewiesen zu sein. Darüber hinaus soll das Buch Anregungen geben, wie die Metallographie in schwierigeren Fällen nutzbar gemacht werden kann, in denen die Mitwirkung eines Fachmannes erforderlich ist. In diesem Umfange entspricht der Inhalt des Buches etwa den Vorträgen und Übungen über Metallographie, die der Verfasser an der Technischen Hochschule zu Darmstadt für Maschineningenieure abhält, um diesen die Metallographie als Hilfswissenschaft für ihre Zwecke dienstbar zu machen.

Entsprechend seinem Zwecke verzichtet das Buch daher soweit als nur irgend möglich auf theoretische Erörterungen, es führt vielmehr geraden Weges in die Praxis hinein. Zur Erreichung seiner Ziele bedient es sich möglichst zahlreicher Abbildungen und soweit als notwendig ausführlich wiedergegebener Anwendungsbeispiele.

Um den beabsichtigten Zweck zu erreichen, mußten naturgemäß möglichst geeignete Beispiele und Abbildungen herangezogen werden. Es wurden daher neben den Sammlungsstücken der Materialprüfungsanstalt an der Technischen Hochschule zu Darmstadt auch manche Beispiele und Abbildungen der einschlägigen Literatur benutzt. Insbesondere wurde wiederholt auf die in dieser Beziehung so lehrreichen Tätigkeitsberichte des Königl. Materialprüfungsamtes zu Berlin-Groß-Lichterfelde-West und auf die Veröffentlichungen der Professoren E. Heyn und O. Bauer über die Arbeiten jener Anstalt, die man mit Recht den „Kristallisationspunkt" dieses Gebietes genannt hat, zurückgegriffen. Ein Zurückgreifen auf die Arbeiten besonders jener Anstalt erschien um so mehr angezeigt, als gerade die Arbeiten dieser Anstalt für den Ingenieur dadurch besonders wertvoll

Die praktische Nutzanwendung der Prüfung des Eisens durch Ätzverfahren und mit Hilfe des Mikroskopes

Kurze Anleitung für Ingenieure
insbesondere Betriebsbeamte

von

Dr.-Ing. E. Preuß †
Stellvertreter des Vorstandes der Materialprüfungsanstalt
und Privatdozent an der Technischen Hochschule
zu Darmstadt

Mit 119 Textfiguren

Unveränderter Neudruck

Berlin
Verlag von Julius Springer
1917

ISBN-13: 978-3-642-90264-2 e-ISBN-13: 978-3-642-92121-6
DOI: 10.1007/978-3-642-92121-6

Softcover reprint of the hardcover 1st edition 1917

sind, weil sie sich stets mit Gebieten befassen, die im engsten Zusammenhange mit den praktischen Bedürfnissen des Ingenieurs stehen.

Soweit in größerem Umfange Veröffentlichungen anderer Autoren benutzt wurden, wurde dem Verfasser auf sein Nachsuchen hierzu bereitwilligst die Genehmigung erteilt, wofür er sich auch an dieser Stelle seinen Dank auszusprechen gestattet.

So möge dieses Buch als ein erster Versuch hinausgehen. Denjenigen Ingenieuren, die aus dem Buche einige Anregungen und Nutzen schöpfen, wäre der Verfasser sehr dankbar, wenn sie die weitere Ausgestaltung des Buches durch Überweisung typischer Materialproben, Bruchstücke usw. an die Sammlung der Materialprüfungsanstalt an der Technischen Hochschule zu Darmstadt fördern helfen würden.

Darmstadt, im Juli 1912.

Dr.-Ing. E. Preuß.

Vorwort zum unveränderten Neudruck.

Am 28. August 1914 fand der Verfasser dieses Buches, Dr.-Ing. Preuß den Heldentod bei Beaumont an der Spitze seines Zuges des Res.-Inf.-Reg. 116.

In dem Vorwort hat er sein vorliegendes Buch als einen ersten Versuch bezeichnet. Wie dieser Versuch aufgenommen wurde, beweist am besten die Tatsache, daß das Buch bereits vergriffen ist. Da es bei den zeitigen Verhältnissen nicht möglich war, einen neuen Bearbeiter für dasselbe zu finden, und da es auch noch dem heutigen Stande der Technik entspricht, so hat sich die Verlagsbuchhandlung bei der stetigen Nachfrage entschlossen, einen unveränderten Neudruck vorzunehmen.

Durch den Tod des Dr.-Ing. Preuß hat die Materialprüfung einen hervorragenden Mitarbeiter verloren. Seine sämtlichen Arbeiten auf diesem Gebiete zeigen einen zielbewußten Forscher, der mit großem Geschick und echter deutscher Gründlichkeit schwierige Fragen zu lösen verstand und anschaulich darzustellen wußte, so daß seine Bedeutung weit über die deutschen Grenzen hinaus Anerkennung fand.

So vortrefflich er als Forscher war, so vortrefflich war er auch als Mensch bekannt: von lauterem, uneigennützigen Charakter, stets in selbstlosester Weise bemüht, die von ihm vertretene Wissenschaft zu stützen und zu fördern. Ehre seinem Andenken.

Berlin, im Juni 1917.

Die Verlagsbuchhandlung.

Inhaltsverzeichnis.

A. Makroskopische Prüfungen.

I. Allgemeines. Schleifen und Ätzen der Proben.

Die Prüfung des Gefüges der Metalle kann mit dem bloßen Auge erfolgen oder mit Hilfe des Mikroskopes. Die Prüfung mit dem unbewaffneten Auge sei im Gegensatze zu der mikroskopischen Prüfung nachstehend stets als makroskopische Prüfung bezeichnet. Während auf die Herstellung sauberer Schliffflächen für die mikroskopische Untersuchung beträchtliche Sorgfalt verwendet werden muß, genügt für die makroskopische Untersuchung im allgemeinen meist nur ein kurzes Schleifen der zu untersuchenden Flächen, das keinen besonderen Zeitaufwand und keine besondere Sorgfalt erfordert. Naturgemäß wird auch bei der makroskopischen Prüfung das Gefüge der Proben nach dem Ätzen um so besser hervortreten, je vollkommener die betreffende Fläche geschliffen wurde. Man wird jedoch nach einiger Übung sehr bald auch aus weniger gut geschliffenen Flächen, die das Gefüge nicht vollkommen bis in die letzten Einzelheiten erkennen lassen, meist die in den betreffenden Fällen gewünschten Aufschlüsse über das Material erhalten können.

Die Herstellung der Schlifffläche der Proben — es ist hierbei in erster Linie im allgemeinen an Eisenproben gedacht — geschieht in folgender Weise. Die betreffende Fläche wird zunächst möglichst eben gefeilt oder gehobelt, danach vielleicht noch mit einer flachen Schlichtfeile geschlichtet und zuletzt mit Schmirgelpapier geschliffen. Letzteres kann je nach der Einrichtung der betreffenden Werkstätte durch Schleifen der Probe auf einer Schmirgelscheibe oder einer mit Schmirgelpapier beklebten Holz- oder Metallscheibe geschehen oder auch, indem man einen Bogen Schmirgelpapier auf eine Richtplatte legt und darauf die zuvor geschlichtete Fläche abschleift. Im allgemeinen wird es genügen, als letzte und feinste Sorte des Schmirgelpapiers etwa die Sorte „1 mittel“ zu verwenden. Je besser und mit je feineren Schmirgelpapiersorten die Fläche geschliffen ist, um so schöner tritt naturgemäß nach der Ätzung das Gefüge hervor. Das Schleifen einer vorgehobelten und geschlichteten Fläche für die makroskopische Untersuchung nimmt je nach der Größe der Fläche und der Güte des Schliffes etwa 1—10 Minuten in Anspruch.

Nach dem Schleifen ist auf der Schliffläche wenig oder gar nichts zu sehen; die Schliffläche erscheint im allgemeinen vollkommen gleichförmig. Das Gefüge muß daher erst durch Ätzung sichtbar gemacht werden. Als Ätzmittel für die makroskopische Untersuchung hat man früher vielfach Salzsäure benutzt, von deren Verwendung jedoch durchaus abzuraten ist. Salzsäure besitzt nämlich die unangenehme Eigenschaft, etwa vorhandene kleine Poren stark anzugreifen, so daß die Schliffläche nach dem Ätzen oft stark vergrößerte Löcher aufweist, die nicht dem tatsächlich vorhandenen Gefüge der Proben entsprechen, sondern auf die Wirkung der Salzsäure zurückzuführen sind.

Als bestes Ätzmittel sei hier Kupferammoniumchloridlösung empfohlen, die sich für alle Eisenätzungen, soweit es sich um makroskopische Untersuchungen handelt, mit bestem Erfolge verwenden läßt. Die Verwendung von Kupferammoniumchloridlösung wurde von E. Heyn in die Metallographie eingeführt. Man löst ein Gewichtsteil Kupferammoniumchlorid in 12 Gewichtsteilen Wasser. 1 kg Kupferammoniumchlorid kostet etwa 2 Mk. Die Lösung ist unbegrenzt lange haltbar.

Das Ätzen erfolgt zweckmäßig in folgender Weise. Man füllt ein Glas- oder Porzellangefäß von einer dem Umfange der Probe entsprechenden Größe mit der Lösung und legt dann die Probe mit der geschliffenen Seite nach oben in das Gefäß, das so weit gefüllt sein muß, daß die geschliffene Seite noch reichlich mit der Lösung bedeckt ist. Um eine Entmischung der Lösung an der Schliffläche und eine dadurch eintretende schlechte Wirkung des Ätzmittels zu verhüten, bewegt man zweckmäßig das den Schliff enthaltende Gefäß während des Ätzvorganges etwas hin und her. Unmittelbar nach dem Einbringen der Probe in die Kupferammoniumchloridlösung überzieht sich die Schliffläche mit einem Kupferniederschlag, indem das Eisen des Schliffes und das Kupfer der Lösung ihre Rollen austauschen.

Der Schliff verbleibt genau 60 Sekunden in der Lösung. Danach wird er sofort in fließendes Wasser (Wasserleitung) gehalten und dabei mit einem angenäßten Wattebausch der Kupferniederschlag, der sich auf der Schlifffläche gebildet hat, durch kräftiges Reiben entfernt.

Handelt es sich um größere, sperrige Stücke, z. B. ganze Blechtafeln, für die man kein genügend großes Glasgefäß zur Verfügung hat, und für die zu viel Ätzflüssigkeit benötigt werden würde, so betupft man die Schlifffläche derartiger Proben, anstatt sie in die Ätzflüssigkeit zu bringen, mit einem Wattebausch, der möglichst stark mit Kupferammoniumchloridlösung getränkt ist, etwa 1—1½ Minuten lang und entfernt den sich bildenden Kupferniederschlag in der zuvor beschriebenen Weise.

Nach dem vollständigen Abreiben des Kupferniederschlages spült man die Probe nochmals kräftig in Wasser ab und trocknet sie danach möglichst vollkommen mit einem weichen Leinenlappen (Handtuch). Die so getrocknete Probe wird darauf mit einem mit Alkohol getränkten Wattebausch wiederholt abgetupft, um die letzten Reste der Ätzflüssigkeit zu entfernen und ein späteres Rosten zu verhindern. Nach dem Abtupfen mit Alkohol wird die Probe nochmals sorgfältig getrocknet. Das durch die Ätzung hervorgetretene Gefügebild der Schlifffläche hält sich jahrelang, wenn man die Proben in trockenen geschlossenen Räumen aufbewahrt. Noch besser bleibt das Gefügebild erhalten, wenn man zur Aufbewahrung der Probe einen mit Chlorkalzium gefüllten Exsikkator oder ein anderes teilweise mit Chlorkalzium gefülltes, luftdicht abgeschlossenes Gefäß benutzt.

II. Schweißeisen.

Schweißeisen ist bekanntlich ein Eisen, das im teigigen, also nicht flüssigen Zustande aus den bei dem Frischprozeß gewonnenen Luppen hergestellt wird. Da das Eisen, wie eben erwähnt, während der ganzen Dauer seiner Herstellung sich niemals im vollkommen flüssigen Zustande befand und daher keine Gelegenheit gehabt hat, sich in allen seinen Teilen vollkommen zu durchmischen, so läßt das Gefüge nach der Ätzung noch die einzelnen Stücke und Teile erkennen, aus denen das Material zusammengeschweißt wurde. Man kann auch beurteilen, ob dieses Zusammenschweißen an allen Stellen gut gelungen ist, oder ob es an einzelnen Stellen mißlungen ist, so daß Risse zwischen zwei benachbarten Stellen vorhanden sind. Der Unterschied in der nach dem Ätzen auftretenden Färbung zwischen den einzelnen Stellen des Gefüges des Schweißeisens ist zum Teil darauf zurückzuführen, daß das Schweißeisen meist aus einer größeren Anzahl von Luppen mit verschiedenem Kohlenstoffgehalt zusammengeschweißt ist. Es werden nämlich während des Frischprozesses einzelne Luppen immer mehr oder weniger vor dem frischenden, also entkohlenden Einfluß des Sauerstoffes geschützt bleiben. Diese kohlenstoffreichen Stellen erscheinen dann nach der Ätzung dunkler, während die kohlenstoffärmeren Stellen ein helleres Aussehen aufweisen, so daß deutliche Farbunterschiede im Gefüge hervortreten.

Auch die im Schweißeisen vorhandene Schlacke, die sich während des Herstellungsvorganges nie ganz entfernen läßt, trägt dazu bei, Farbunterschiede im Gefügebild hervorzurufen. Die Schlacke erscheint nach der Ätzung besonders dunkel gefärbt. Durch die Farbunterschiede des Gefüges ist es möglich, die Formänderung zu erkennen, die das Schweißeisen während seiner Bearbeitung durchgemacht hat.

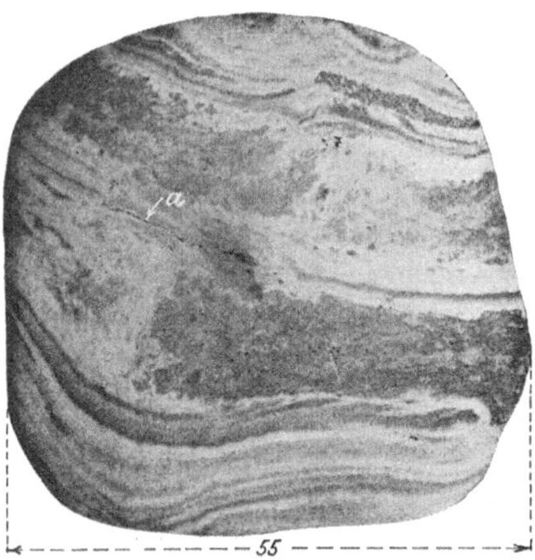

Fig. 1. Schweißeisen, Kranhakenspitze*).

Fig. 1 zeigt einen Querschnitt durch die Spitze eines schweißeisernen Kranhakens für 5 t Nutzlast. Man erkennt deutlich, in welcher Weise sich das Material durch das Schmieden verschoben und danach endgültig gelagert hat. Bei a erkennt man, daß das Eisen an jener Stelle schlecht verschweißt und infolgedessen ein Riß vorhanden ist.

Fig. 2 ist ein Querschnitt durch einen Rundstab aus Schweißeisen. Man sieht noch deutlich die einzelnen Lagen, aus denen das Material zusammengeschweißt wurde. Man erkennt auch, in welcher Weise sich die einzelnen Schichten bei dem Auswalzen

*) Alle Maße in den Figuren sind in Millimetern angegeben.

des Rundstabes gelagert haben. Die dunkle Stelle bei b ist ein Schlackeneinschluß.

Fig. 3 stellt den Querschnitt durch eine während der Fahrt gebrochene Achse eines Feuerlöschwagens dar. Besonders an den größeren dunkel gefärbten Stellen bei c und d machen sich außerordentlich große und starke Schlackeneinschlüsse bemerkbar, die naturgemäß die Tragfähigkeit des Querschnittes sehr schwächen und die Festigkeit der Wagenachse, insbesondere gegenüber

Fig. 2. Schweißeisen, Rundstab.

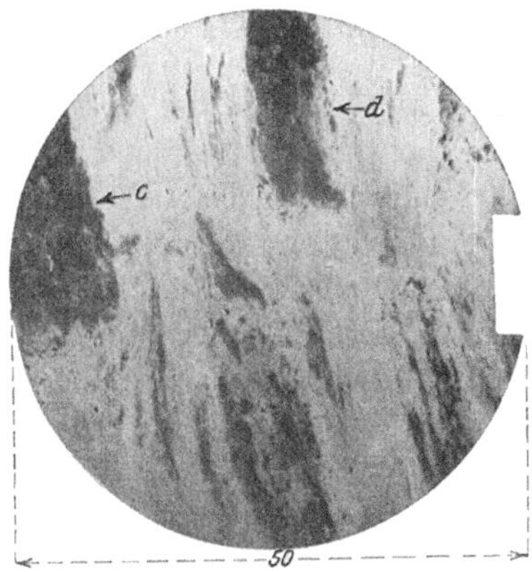

Fig. 3. Schweißeisen, Wagenachse.

Stößen, wie sie die schnelle Fahrt auf dem Pflaster mit sich bringt, sehr wesentlich herabsetzen, da die Schlacke ein wenig festes, sehr sprödes Material ist. Der Bruch der Wagenachse wird daher unbedingt — abgesehen von etwaigen anderen Fehlern, wie z. B. konstruktiven Fehlern, die ebenfalls zum Bruche beigetragen haben könnten — wenn auch nicht ausschließlich, so doch mindestens zum sehr großen Teile auf das überaus schlechte Material zurückzuführen sein.

Fig. 4 zeigt den Querschnitt durch einen Flacheisenstab. Man erkennt außerordentlich deutlich die einzelnen Schichten, aus denen dieses Material zusammengeschweißt ist, und zwar handelt es sich hier um ein schlechtes Material, das aus Flußeisen- und Schweißeisenabfällen hergestellt ist, also nicht um ein Schweißeisen im gewöhnlichen Sinne des Wortes. Die äußeren Lagen des Querschnittes sind Schweißeisen, die inneren helleren

Lagen Flußeisen. Entsprechend der durch das Querschnittsgefüge erkennbaren Zusammensetzung erwies sich der Stab bei dem Schmieden als äußerst schlecht und spröde.

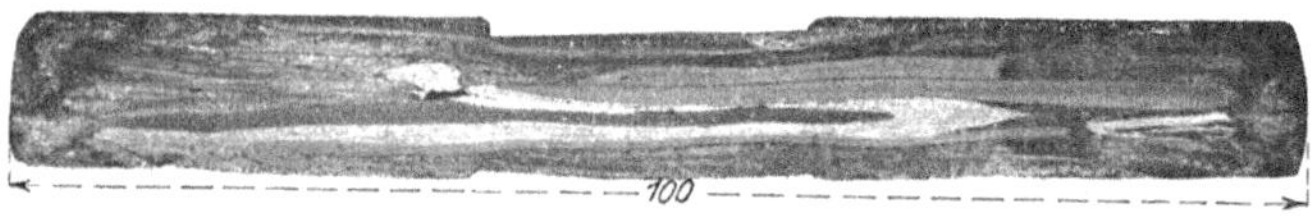

Fig. 4. Schweißeisen, Flachstab.

Fig. 5 ist der Querschnitt durch eine Eisenbahnschiene aus Schweißeisen. Man erkennt deutlich die einzelnen Lagen, aus denen das Material hergestellt ist und kann infolge der verschiedenen Farbtönung dieser Lagen genau die Materialverschiebung während des Walzvorganges verfolgen. Im Kopf der Schiene hat sich bei e infolge der schlechten Verschweißung ein starker Riß ausgebildet, der bei noch weiterer Benutzung der Schiene leicht zu erheblichen Betriebsunfällen hätte führen können.

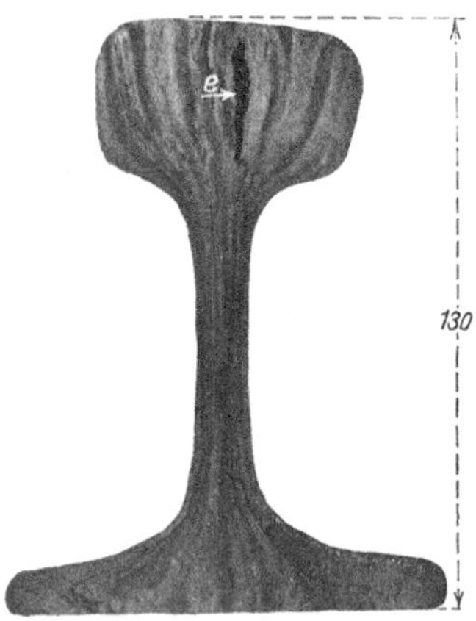

Fig. 5. Schweißeisen, Eisenbahnschiene.

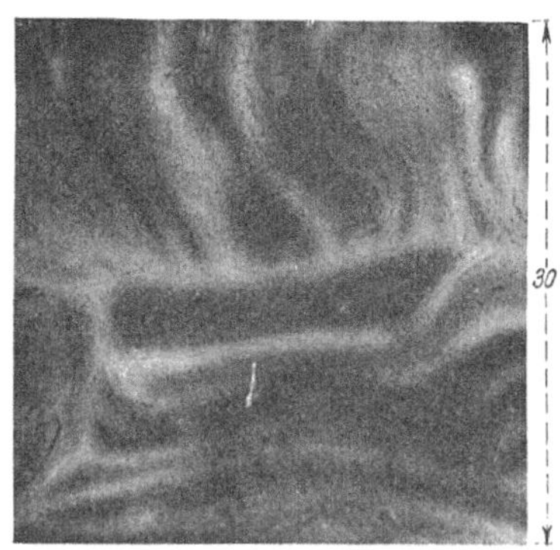

Fig. 6. Schweißstahl.

Fig. 6 stellt den Querschnitt durch einen Vierkantstab aus Schweißstahl (Gärbstahl), einem Schweißeisen mit hohem Kohlenstoffgehalt, dar. Es zeigt sich auch hier wieder das dem Schweißeisen eigentümliche flammige Gefüge, das bekanntlich vielfach zur Verzierung von Waffen aus Schweißstahl durch Ätzung benutzt wurde (Damaszenerklingen).

Während alle bisher beschriebenen Figuren Querschnitte darstellen, die mit Kupferammoniumchloridlösung geätzt worden sind, zeigt Fig. 7 einen schweißeisernen Schraubbolzen, der einige Wochen im Meerwasser gelegen hatte und durch die Wirkung des Meerwassers geätzt wurde. Man erkennt am Schaft, und zwar besonders deutlich am Gewindeteil unterhalb der Mutter die stark zersetzende Ätzwirkung des Meerwassers auf die einzelnen Schichten. Sodann sieht man an dem vierkantigen, im Gesenk geschmiedeten Bolzenkopf sehr klar, in welcher Weise sich das Kopfmaterial bei dem Schmieden im Gesenk gelagert hat.

Fig. 7.
Schweißeisen,
Schraubbolzen.

III. Flußeisen.

Im Gegensatz zum Schweißeisen, das im teigigen Zustand gewonnen wird, erfolgt die Erzeugung des Flußeisens im flüssigen Zustand. Im flüssigen Zustand sind alle fremden Elemente bzw. Verunreinigungen, die das Eisen enthält und von denen die wichtigsten Kohlenstoff, Mangan, Silizium, Phosphor und Schwefel sind, annähernd gleichmäßig in der ganzen Eisenmasse verteilt. In diesem Zustand wird das Eisen in die eisernen Kokillen gegossen, die meist rechteckigen Querschnitt haben. Das Eisen kühlt sich dabei an den Seitenwänden und am Boden der Kokille am schnellsten ab und erstarrt daher zuerst an jenen Stellen. Am längsten bleibt es in der Mittelachse der Kokille bzw. des Blockes, und zwar in der Nähe des oberen Blockendes (Blockkopf) flüssig. Hier bilden sich infolge der Schwindung des Eisens bei der Abkühlung vielfach Lunkerstellen, Blasen und Poren aus. Diese werden, wenn nicht für ihre Beseitigung durch ein genügend weites Abschneiden des Blockkopfes gesorgt wird, bei dem späteren Auswalzen des Blockes zusammengedrückt und flachgewalzt, und zwar häufig, ohne daß ein Zusammenschweißen des Materials an jenen Stellen eintritt. Auf diese Weise erhält das ausgewalzte Eisen unganze Stellen, bei Blech „Doppelungen" genannt, die unter Umständen den Konstruktionsteilen gefährlich werden können. Fig. 8 zeigt eine derartige Doppelung in einem Kesselblech von 16 mm Dicke.

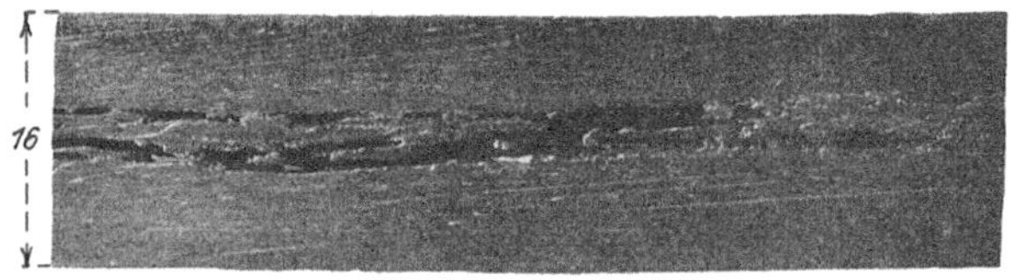

Fig. 8. „Doppeltes" Flußeisenblech.

Insbesondere der im Eisen enthaltene Phosphor und Schwefel, aber auch der Kohlenstoff, haben das Bestreben sich bei dem allmählichen Erkalten des Blockes nach den bis zuletzt flüssig bleibenden Stellen in der Nähe des Blockkopfes und der Blockmittelachse hinzuziehen. Es tritt also eine Entmischung ein, die man als „Seigerung" bezeichnet. Die genannten Elemente sind daher in den meisten Fällen nicht mehr gleichmäßig im Eisen verteilt, sondern in der Mittelachse des Blockes („Kernzone"), und zwar besonders in der Kopfnähe in höherem Maße vorhanden als an den Seitenflächen des Blockes („Randzone"). Fig. 9 stellt diese Verhältnisse schematisch dar und Fig. 10 zeigt die Seigerung in dem geätzten Längsschnitt eines Blockes nach einer Aufnahme von Wüst und Felser. Die eben genannte Entmischung kann unter Umständen soweit gehen, daß z. B. der Phosphorgehalt der Kernzone den der Randzone um das Vierfache übertrifft.

Die Ausseigerung des Phosphors und Schwefels, von denen der letztere im Eisen in der Form von Schwefeleisen oder Schwefelmangan auftritt, ist aus folgendem Grunde besonders unangenehm und gefährlich. Phosphor und Schwefel machen bekanntlich das Eisen spröde und brüchig, und zwar Phosphor kaltbrüchig und Schwefel rotbrüchig. Es ist daher wünschenswert, daß beide Elemente nur in möglichst geringen Mengen im Eisen vorhanden sind. Tritt nun eine Seigerung ein, so bedeutet das eine starke örtliche Anreicherung des Phosphors bzw. Schwefels, mit der naturgemäß eine wesentlich erhöhte örtliche Sprödigkeit verbunden ist. Das Eisen verhält sich also hinsichtlich seiner Festigkeitseigenschaften durchaus nicht mehr gleich an allen Stellen des Querschnittes. Eine wesentliche Verringerung des Phosphor- und Schwefelgehaltes in der Randzone und eine dadurch bedingte nur unerhebliche Abnahme der Sprödigkeit bzw. nur unerhebliche Zunahme der Zähigkeit des Materials der Randzone ist erkauft worden durch einen eventuell bis auf ein Vielfaches des Mittelwertes gesteigerten Phosphor- bzw. Schwefelgehalt der Kernzone und eine damit verbundene wesentlich erhöhte Sprödigkeit dieser Zone.

Naturgemäß wird man stets darauf achten, daß ein Eisen keinen zu hohen Phosphor- und Schwefelgehalt besitzt. Es kommt jedoch nach Vorstehendem vielfach weniger auf den gesamten mittleren Phosphor- und Schwefelgehalt, als vielmehr darauf an, ob Phosphor und Schwefel gleichmäßig oder ungleichmäßig im Eisen verteilt sind bzw. in letzterem Falle, ob die ungleichförmige Verteilung beider Elemente mehr oder weniger erheblich ist.

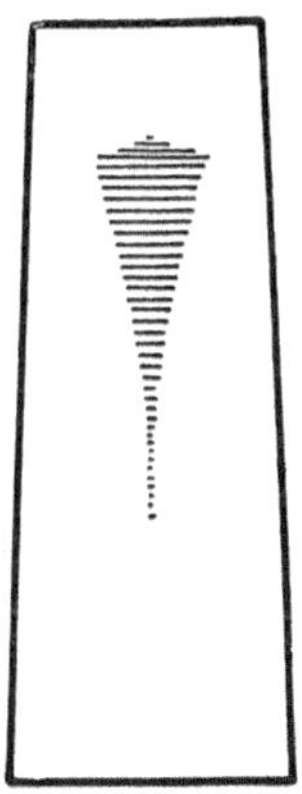

Fig. 9. Schema der Seigerung in einem Flußeisenblock.

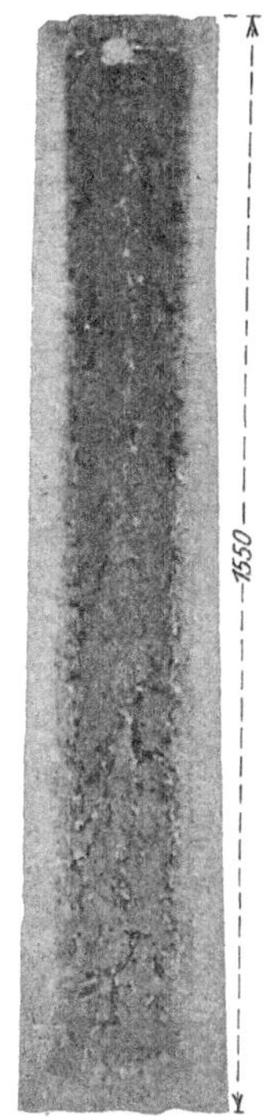

Fig. 10*[1]). Längsschnitt durch einen Flußeisenblock.

Die Ätzung mit Kupferammoniumchloridlösung bietet nun ein äußerst einfaches Hilfsmittel, um über den Grad und den Umfang der Seigerung des Phosphors Aufschluß zu erhalten, während die später zu beschreibende Probe von Heyn und Bauer örtliche Schwefelanreicherungen erkennen läßt. Die phosphorreichen Stellen erscheinen nämlich nach der Ätzung mit Kupferammoniumchlorid

[1]) Die mit einem Stern versehenen Figuren sind nicht Originalaufnahmen des Verfassers, siehe den „Figuren-Nachweis".

wesentlich dunkler gefärbt, als die phosphorarmen Stellen. Im allgemeinen zeigt jedes gewalzte Flußeisen eine mehr oder weniger stark ausgeprägte Seigerungszone. Bei gutem, wenig geseigertem Material wird die Seigerungszone jedoch nach dem Ätzen sehr wenig hervortreten, bei schlechtem, stark geseigertem Material dagegen sehr stark, d. h. es werden im letzteren Falle die Farbunterschiede zwischen der stark phosphorhaltigen Kernzone und der phosphorarmen Randzone sehr erheblich sein.

Fig. 11 zeigt den Querschnitt eines derartigen schlechten Rundeisenstabes von 22 mm Durchmesser mit sehr starker Seigerung. Die rechteckige dunkle Seigerungszone im Kern hebt sich stark und unvermittelt von der hellen Randzone ab. Daß die Seigerungszone trotz des kreisförmigen Querschnittes des Materials rechteckige Form hat, ist darauf zurückzuführen, daß das Eisen in eine Kokillenform mit rechteckigem Querschnitt gegossen wurde. Es bildete sich also bei dem Erkalten des Blockes entsprechend dem Querschnitt der Gußform eine Seigerungszone mit rechteckigem Querschnitt aus. Diese rechteckige Form der Seigerungszone war auch nach dem Auswalzen des rechteckigen Blockes zu einem Rundstabe noch vorhanden. Man erkennt daraus, daß bei dem Walzvorgang die Materialverschiebung im wesentlichen an der Oberfläche, also nicht im innern Kern des Materials vor sich gegangen ist. Die Seigerung kann also auch dazu dienen, wichtige Aufschlüsse über technologische Formänderungsvorgänge zu geben.

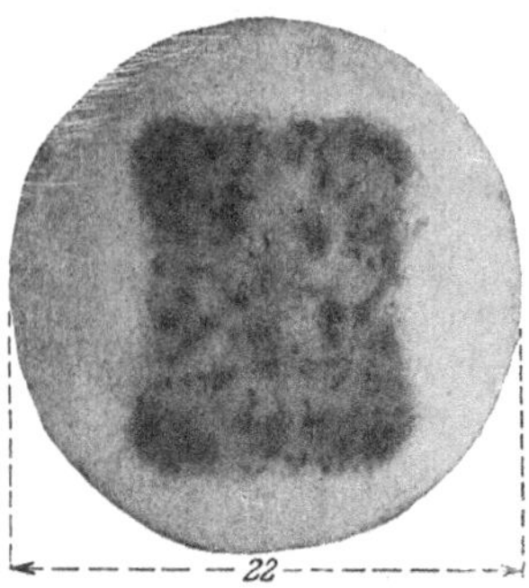

Fig. 11. Flußeisenrundstab mit starker Seigerung.

Bemerkt sei noch, daß die Seigerungszone in Fig. 11 einige kleinere tiefdunkele Flecken aufweist. Es sind dies Stellen mit ganz besonders starken örtlichen Phosphoranreicherungen, die naturgemäß auch als Fehler des Materials zu bezeichnen sind, wenn sie in derartig starker Form auftreten.

Konstruktionsteile aus sprödem Material sind bekanntlich sehr empfindlich gegenüber stoßweisen Beanspruchungen, insbesondere dann, wenn sie scharfe und unvermittelte Querschnittsübergänge besitzen, bei denen nicht genügend durch starke Ausrundungen vermittels Hohlkehlen für einen möglichst allmählichen Übergang von dem starken zu dem schwächeren Querschnitt gesorgt ist. Nach Versuchen des Verfassers[1]) an scharfeckigen Probewinkeln und Winkeln mit genügend durch Hohlkehlen ausgerundeten Ecken ist die Spannung an unvermittelten Querschnittsübergängen etwa neunmal größer, als sich nach den üblichen theoretischen Rechnungsverfahren ergibt. Wie bereits bemerkt, ist eine derartige Spannungssteigerung an unvermittelten Querschnittsübergängen bei sprödem Material, wie es eine Kernzone mit starker Seigerung darstellt, ganz besonders gefährlich. Man denke sich z. B. aus dem vollen Material eines Rundstabes, der eine so starke Seigerung besitzt, wie es Fig. 11 zeigt, eine Welle oder dgl. herausgedreht, die an verschiedenen Stellen verschieden großen Durchmesser besitzt. Man wird erkennen, daß man bei dem Abdrehen der Welle auf kleinere Durchmesser sehr bald in die spröde phosphorhaltige Kernzone kommt, was wie gesagt, bei nicht genügend ausgerundeten Querschnittsübergängen eine besonders große Gefahr bedeutet.

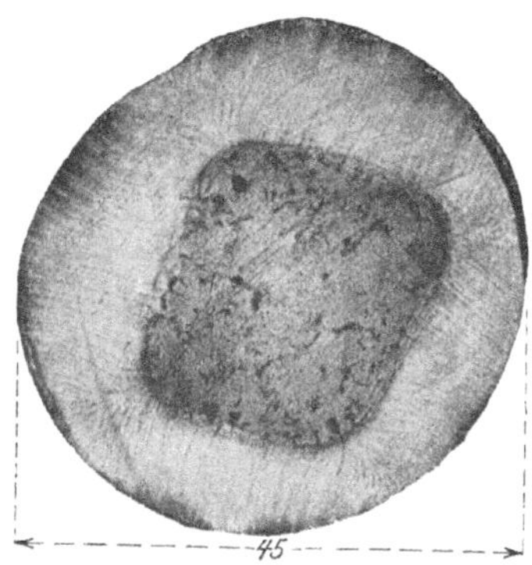

Fig. 12. Flußeisenrundstab mit starker Seigerung.

Fig. 12 zeigt den Querschnitt durch eine 45 mm starke Kurbelwelle einer landwirtschaftlichen Maschine. Man erkennt auch hier eine außerordentlich starke Seigerung. Das Material war infolge des hohen Phosphorgehaltes und der starken Seigerung so spröde, daß es bei dem Ausrichten einen Anriß erhielt, der zunächst unbemerkt blieb. Darauf fiel die Welle, die ein Gewicht von etwa 3 kg besaß, bei dem Transport aus 1 m Höhe zufällig auf den Erdboden. Hierbei zerbrach sie in zwei Stücke, woraus man leicht ein Bild über die Größe der Sprödigkeit gewinnt.

[1]) Z. d. Ver. deutsch. Ing. 1912, S. 1349.

Mit Fig. 11 und 12, die Querschnitte durch Flußeisenrundstäbe darstellen, vergleiche man Fig. 2, die den Querschnitt eines Schweißeisenrundstabes zeigt. Über die Entstehungsursache des Gefüges der Bilder ist im Vorstehenden bereits alles Erforderliche gesagt. Man erkennt bei dem Vergleich der Bilder außer-

Fig. 13*. Radreifen, Bruchfläche.

Fig. 14*. Radreifen, Querschnitt.

ordentlich deutlich das verschiedenartige Gefüge des Flußeisens und Schweißeisens. Man kann also durch eine einfache Ätzprobe in wenigen Minuten einen unbedingt sicheren Aufschluß erhalten, ob es sich um die eine oder andere Eisensorte handelt. Bemerkt sei hierzu, daß zwar oft schon das Aussehen und das Bruchgefüge einen Aufschluß hierüber geben werden; jedoch ist ein derartiger Schluß nicht unbedingt zuverlässig, sondern kann zu Irrtümern führen. Das Bruchgefüge ist nämlich vielfach von der Art und Weise abhängig, wie der Bruch erzeugt wird. Die

Beurteilung des Materials auf Grund des Bruchgefüges kann also zu Täuschungen Anlaß geben. Daß derartige Zweifel, ob es sich um Flußeisen oder Schweißeisen handelt, selbst bei Fachleuten gar nicht so selten sind, zeigen die diesbezüglichen Anträge an die Materialprüfungsanstalten. Wiederholt handelt es sich bei diesen Anträgen um Fälle, in denen z. B. der Käufer Schweißeisen verlangt hatte und ein amtliches Gutachten darüber wünschte, ob das gelieferte Material Schweißeisen oder Flußeisen sei.

Daß die Beurteilung des Materials hinsichtlich seiner Gleichmäßigkeit lediglich auf Grund des Aussehens des Bruchgefüges zu schweren Irrtümern führen kann, mögen die Fig. 13 und 14 nach einer Aufnahme von E. Heyn zeigen. Es handelt sich um einen Radreifen, dessen Bruchfläche in der Nähe der Lauffläche deutlich etwa parallel zueinander verlaufende Schichten aufweist (Fig. 13). Man wird zunächst sehr leicht geneigt sein, auf Grund dieses eigenartigen Bruchaussehens auf ein ungleichförmiges Material mit mehreren verschiedenartigen Zonen schließen zu wollen. Das ist jedoch nicht der Fall. Fig. 14 zeigt einen geätzten Querschnitt, der senkrecht zu der Richtung der Schichtung entnommen wurde. Dieser Querschnitt weist ein vollkommen gleichförmiges Gefüge auf. Die schichtenartige Streifung des ungeätzten Bruchgefüges ist also nicht auf ungleichförmiges Material zurückzuführen, sondern auf Zufälligkeiten in der Art, wie der Bruch herbeigeführt wurde.

Fig. 15 zeigt den Querschnitt durch ein I-Eisen mit sehr starker Seigerung. An den Übergangsstellen des Steges zu den Flanschen erkennt man deutlich, wie sich das Material bei dem Walzvorgang verschoben und gelagert hat und wie sich die beiden Enden der Seigerungszone an jenen Stellen in zwei lappenartige Ausläufer aufgeteilt haben. Ähnlich sehen die geätzten Querschnittsbilder von Eisenbahnschienen mit starker Seigerung aus. Tritt die Seigerung an Eisenbahnschienen in so starker und unvermittelter Weise wie in Fig. 15 auf, so wird man derartige Schienen verwerfen, da sie infolge ihrer großen Sprödigkeit bei der stoßweisen Beanspruchung durch die Räder eine erhebliche Betriebsgefahr bilden. Die diesbezügliche Literatur berichtet über zahlreiche Unfälle infolge von Schienenbrüchen, die darauf zurückzuführen waren, daß das Schienenmaterial einen hohen

Phosphor- und Schwefelgehalt und eine damit verbundene starke Seigerung und große Sprödigkeit aufwies.

Fig. 16 stellt den Querschnitt durch ein T-Eisen dar, das wegen der stark ausgeprägten Zonenbildung ebenfalls als minderwertiges Material zu bezeichnen ist.

Fig. 15. I-Flußeisen mit starker Seigerung.

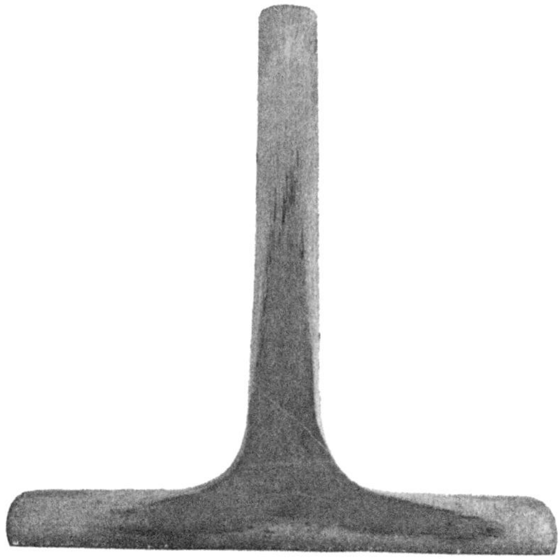

Fig. 16. T-Flußeisen mit starker Seigerung.

Zu wie unangenehmen Folgen die Sprödigkeit infolge von Seigerung im praktischen Betriebe führen kann, mögen Fig. 17 und 18 zeigen, die einer Veröffentlichung von E. Heyn und O. Bauer[1]) entnommen sind. Es handelt sich um ein Rohr, das aus einem vorgewalzten Block gezogen werden sollte. Bei dem Ziehen erhielt das Rohr zahlreiche Anrisse auf der inneren Seite, die in Ebenen senkrecht zur Längsachse des Rohres verliefen. Es wurde der Antrag auf Aufklärung der Ursache dieser Rißbildung gestellt.

---

[1]) Stahl und Eisen 1912, S. 402.

Fig. 18 zeigt in starker Vergrößerung den geätzten Querschnitt des Rohres. Man erkennt deutlich auf der Innenseite die dunkle, stark geseigerte Kernzone des ursprünglichen Blockes und die darum liegende phosphorarme helle Randzone auf der Außenseite des Rohres. Die spröde Kernzone hatte also zum mindesten einen sehr erheblichen Anteil an der Ursache der Rißbildung gehabt. Inwieweit auch noch andere Gründe dafür verantwortlich gemacht werden könnten, soll hier unerörtert bleiben. Es sei jedoch bemerkt, daß starke Seigerungen nicht die alleinigen Ursachen der Sprödigkeit sind, es können hierfür auch noch andere Ursachen in Betracht kommen, wie z. B. unsachgemäße Wärmebehandlung, Kaltbearbeitung usw., auf die noch später zurückgekommen werden wird.

Fig. 17*. Gezogenes Flußeisenrohr.

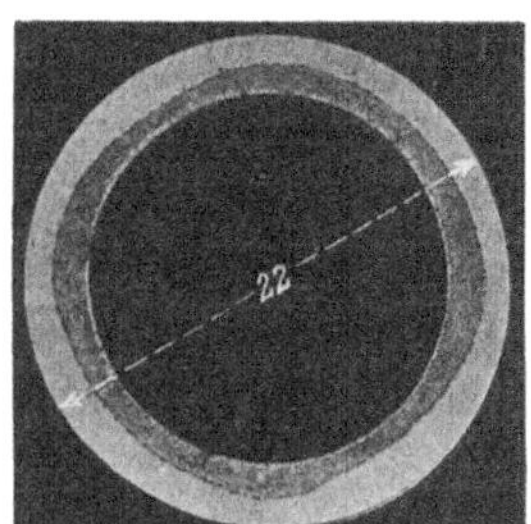

Fig. 18*. Gezogenes Flußeisenrohr.

Ganz besonders gefährlich ist die durch die Seigerung erzeugte Sprödigkeit bei Kesselblech. Die Gefahr ist hier aus dem Grunde so groß, weil bei Kesselblechen die durch die Seigerung bedingte Sprödigkeit sehr leicht noch durch eine unsachgemäße Wärmebehandlung und Verarbeitung der Bleche wesentlich erhöht werden kann. Hierzu kommt, daß gerade bei Kesseln ein Bruch zu ganz besonders folgenschweren Unfällen führen kann und die ersten Anrisse häufig trotz der sorgfältigsten Untersuchung der Kessel unentdeckt bleiben können. Es ist bisher nicht allgemein üblich, Vorschriften über den höchstzulässigen Phosphor- und Schwefelgehalt der Kesselbleche in die diesbezüglichen Lieferungsvorschriften aufzunehmen. Doch wird man gut tun, einen mittleren[1]) Gehalt der Bleche von mehr als 0,04% Phosphor und mehr als 0,04% Schwefel nicht zu überschreiten. Es ist jedoch auch hier das bereits früher Gesagte zu beachten, daß nämlich eines gegebenen Falles etwas höherer Phosphor- und Schwefelgehalt, der annähernd gleichmäßig im Blech verteilt ist, bei weitem nicht so gefährlich wirkt, wie ein geringer Gesamtgehalt des Bleches an Phosphor und Schwefel, der sich jedoch infolge starker Seigerung so verteilt, daß der größte Teil des Phosphors und Schwefels in der Kernzone und nur ein geringer Teil in der Randzone vorhanden ist.

Aus allem bisher über die Untersuchung Gesagtem geht hervor, daß man sich bei der Probespanentnahme über die sachgemäße Auswahl der örtlichen Lage der Probeentnahmestelle genau klar sein und Rechenschaft ablegen muß. Die so häufigen Fälle, daß zwei Chemiker, welche das gleiche Stück Eisen analysieren, zu stark abweichenden Ergebnissen kommen, ist fast stets nicht etwa auf die unzulänglichen chemischen Prüfungsmethoden zurückzuführen, sondern darauf, daß in den beiden Fällen die Proben an verschiedenen Stellen des Probestückes, bzw. nicht sachgemäß entnommen wurden.

Fig. 19 möge nach E. Heyn diese Verhältnisse eingehend klarstellen. Sollen z. B. von einem Rundstabe mit rechteckiger Seigerungszone (Fig. 19a) durch Bohren Analysenspäne entnommen werden, so werden die Späne aus dem Loch I einen geringeren Phosphor- und Schwefelgehalt aufweisen, als die Späne aus dem Loch II, weil im letzteren Falle das Loch durch eine größere Strecke der Seigerungszone verläuft. Man wird hiernach die Probespanentnahme durch Bohren überhaupt verwerfen müssen, weil jedes Bohrloch je nach der zufälligen Wahl seiner Lage zu verschiedenen Ergebnissen hinsichtlich der chemischen Zusammensetzung führen muß. Es ist daher in diesem Falle zweckmäßig und richtig, die Probespäne z. B. durch Hobeln über den ganzen Querschnitt zu entnehmen.

---

[1]) D. h. die Analysenspäne über den ganzen Querschnitt des Bleches aus einer sachgemäß gewählten Stelle entnommen, vgl. später.

Ferner zeigt Fig. 19b ein Kesselblech, von dem durch 6 Bohrlöcher Probespäne entnommen wurden. Das Blech besteht infolge der Seigerung aus den beiden phosphor- und schwefelarmen Randzonen und der phosphor- und schwefelreichen Kernzone. Man erkennt ohne weiteres, daß die chemische Analyse je nach der Tiefe der Bohrlöcher zu ganz verschiedenen Ergebnissen führen muß. Man wird an Hand von Fig. 19b das Loch Nr. 6 für das einzig richtige Loch für die Spanentnahme halten. Das trifft im allgemeinen zu, kann jedoch unter Umständen auch nicht richtig sein, wie Fig. 19c zeigt. Das aus dem Block gewalzte

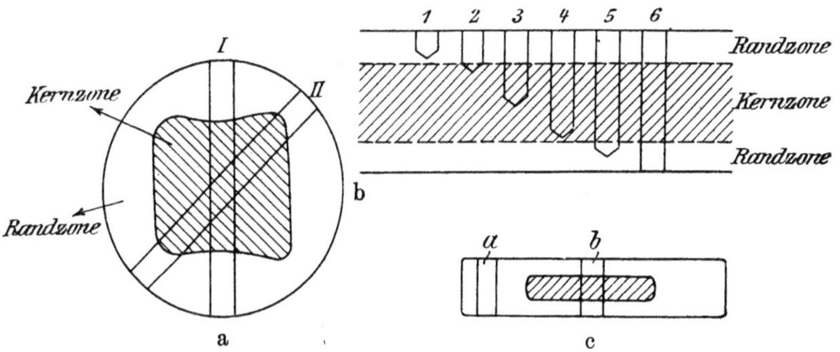

Fig. 19*. Schema für die Analysenprobeentnahme bei geseigertem Flußeisen nach E. Heyn.

Blech oder ein Flacheisen, wie es Fig. 19c darstellt, enthält die ausgeseigerte Stelle naturgemäß in der Mitte. Glaubt man also nach Loch Nr. 6 in Fig. 19b die Analysenspäne immer dann richtig zu entnehmen, wenn man durch die ganze Blechstärke hindurchbohrt, so kann man doch zu fehlerhaften Ergebnissen kommen, wenn man nach Fig. 19c die Lage des Bohrloches bei a wählt. In diesem Falle schneidet man nämlich die phosphor- und schwefelhaltige Zone trotz des Hindurchbohrens durch die ganze Blechstärke überhaupt nicht an. Die Analyse wird also einen zu geringen Phosphor- und Schwefelgehalt ergeben. Das Loch wird daher zweckmäßig an einer Stelle, wie z. B. bei b zu wählen sein. Aus allem geht hervor, daß man sich bei einer sachgemäßen Spanentnahme für Analysen von Flußeisen zuerst durch eine Ätzprobe über die Lage der Seigerungszone Klarheit verschaffen muß.

Von welchem praktischen und wirtschaftlichen Vorteil die Berücksichtigung des eben Gesagten für den Maschineningenieur sein kann, möge nachstehender Fall zeigen:

Eine Kesselbauanstalt hatte von einem Hüttenwerk einen Kesselboden bezogen. Vor dem Einbau des Bodens in den Kessel hatte die Kesselbauanstalt ihrerseits noch ein Mannloch in den Boden eingezogen. Bei der Wasserdruckprobe des Kessels riß der Boden auf einer größeren Strecke auf, wobei der Riß durch das Mannloch verlief. Die Kesselbauanstalt machte gegenüber dem Hüttenwerk schlechtes und sprödes Material geltend und verlangte Schadenersatz. Das Hüttenwerk vertrat die Ansicht, daß die Sprödigkeit des Materials durch eine falsche Wärmebehandlung des Bodens bei dem Einziehen des Mannloches entstanden sei, da eine in dem Material schon von vornherein vorhandene Sprödigkeit ausgeschlossen wäre. Es berief sich in dieser Hinsicht auf seine Werkanalyse, nach der das Blech einen Phosphorgehalt von 0,04% enthielt, ein Wert, den man noch als zulässig gelten lassen kann. Auf Antrag der Kesselbauanstalt konnte die Materialprüfungsanstalt feststellen, daß das Blech eine starke Seigerungszone nach Fig. 20 besaß, die naturgemäß nach dem Rande des Bodens hin allmählich spitz auslief. Es konnte ferner festgestellt werden, daß das Hüttenwerk seine Analysenspäne aus dem Bohrloch *l* entnommen hatte. Diese Entnahmestelle ist durchaus zu beanstanden. Zunächst geht das Loch nicht durch die ganze Blechstärke hindurch, und ferner ist das Loch am Rande des Bleches (vgl. das zu Fig. 19c Gesagte) gebohrt. Die Späne aus dem vom Hüttenwerke gebohrten Loch *l* hatten einen Phosphorgehalt von 0,04% aufgewiesen, auf den das Hüttenwerk seine Angaben gestützt hatte. Späne, die durch Hobeln aus der durch Schraffur gekennzeichneten Seigerungszone durch die Materialprüfungsanstalt entnommen wurden, ergaben den unzulässig hohen und Sprödigkeit bedingenden Phosphorgehalt von 0,16%, also den vierfachen Wert. — Nach Feststellung dieser Tatsache lieferte das Hüttenwerk der Kesselbauanstalt kostenlos einen neuen Boden, was es zuvor abgelehnt hatte.

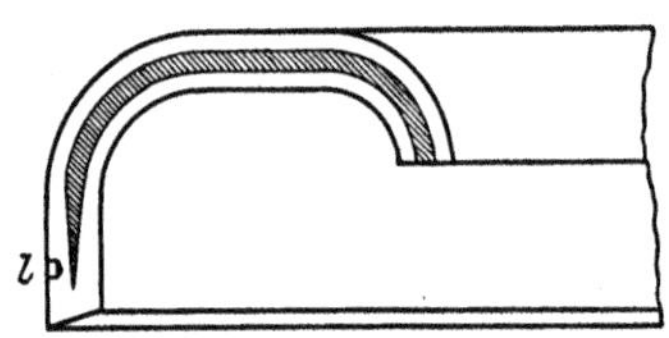

Fig. 20. Flußeisenkesselboden mit Seigerung.

Die gefährliche Ausseigerung des Phosphors im Kesselblech läßt sich nun in einfachster Weise durch die Ätzung mit Kupferammoniumchloridlösung in der früher beschriebenen Weise feststellen.

Fig. 21 zeigt den Querschnitt durch ein in dieser Weise geätztes Blech, in dem man deutlich die beiden helleren phosphorarmen Randzonen und die dunklere phosphorreiche Kernzone sieht. Man kann auch innerhalb der Kernzone sowie an der Übergangsstelle von den Kernzonen zu der Randzone einige tiefdunkle Streifen erkennen, die auf besonders starke örtliche Phosphoranreicherungen hinweisen. Diese dunklen Streifen in Fig. 21 entsprechen den dunklen Flecken in Fig. 11, S. 10, die sich bei dem Auswalzen des Bleches stark gestreckt haben. Ein Kesselblech, dessen mit Kupferammoniumchloridlösung geätzter Querschnitt eine derartige stark ausgeprägte und scharf abgegrenzte Kernzone aufweist wie Fig. 21 und außerdem derartige zahlreiche besonders dunkle Streifungen enthält, wird als spröde und für wichtigere Kesselteile als nicht besonders geeignet zu bezeichnen sein.

Fig. 21. Flußeisenkesselblech mit Seigerung.

Während die Ausseigerung des Phosphors, wie erwähnt, in einfachster Weise durch die Ätzung mit Kupferammoniumchloridlösung festgestellt wird, bietet eine von E. Heyn und O. Bauer angegebene Probe die Möglichkeit, die Ausseigerung des Schwefels zu erkennen. Die Probe besteht darin, daß auf die zu untersuchende Fläche, die nur roh vorgefeilt zu sein braucht, ein Läppchen aus weißer Seide gelegt wird. Dieses Läppchen tränkt man durch einen Haarpinsel oder einen Wattebausch mit einer Lösung von 10 g Quecksilberchlorid und 20 ccm Salzsäure (1,124 spezifisches Gewicht) in 100 ccm destilliertem Wasser. An den Stellen, an welchen die Schliffläche Schwefel enthält, bildet sich Schwefelwasserstoff, der aus der Salzsäure-Quecksilberchloridlösung schwarzes Schwefelquecksilber fällt. Letzteres bleibt an dem Seidenläppchen haften und schwärzt das Läppchen an den schwefelhaltigen Stellen. Eine Einwirkungsdauer der Lösung von etwa 4—5 Minuten genügt in den meisten Fällen. Während dieser Zeit ist das Läppchen wiederholt mit der Lösung anzufeuchten. Es muß stets dicht auf der Schlifffläche aufliegen. Etwaige Wasserstoffblasen, die das Läppchen von der Schlifffläche abzuheben suchen, sind vorsichtig niederzudrücken. Nach beendigter Einwirkung der Lösung wäscht man das Läppchen vorsichtig in reinem Wasser aus, so daß der ziemlich fest anhaftende schwarze Niederschlag nicht entfernt wird. Man erhält auf diese Weise einen getreuen Abdruck der örtlichen Lage der schwefelhaltigen Einschlüsse.

Es sei noch bemerkt, daß die eben beschriebene Probe von E. Heyn und O. Bauer ausschließlich die Schwefeleinschlüsse in Form schwarzer Niederschläge auf dem Seidenläppchen zu erkennen gibt, da phosphorreiche Stellen einen zitronengelben Niederschlag ergeben, so daß eine Verwechslung zwischen Phosphor und Schwefeleinschlüssen ausgeschlossen ist. Hierdurch unterscheidet sich die Probe von E. Heyn und O. Bauer von einer später vorgeschlagenen Probe von R. Baumann, welche einen Unterschied zwischen Phosphor- und Schwefelanreicherungen nicht gestattet [1]). Letztere Probe besteht darin, daß man ein mit etwa 5%iger Schwefelsäure getränktes Stück Bromsilberpapier etwa eine Minute lang auf die Schlifffläche drückt und danach auswächst.

Auf dem Wege der mechanischen Prüfung läßt sich die durch die Seigerung von Phosphor und Schwefel bedingte Sprödigkeit sehr bequem mit Hilfe der einfachen Kerbschlagbiegeprobe von E. Heyn feststellen. Die Probe ist in besonderem Maße für die Prüfung von Kesselblech auf Sprödigkeit geeignet. Aus dem

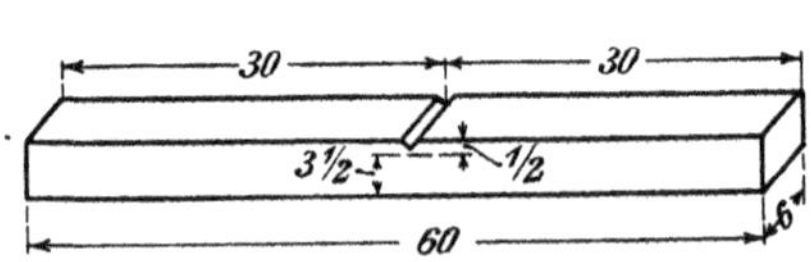

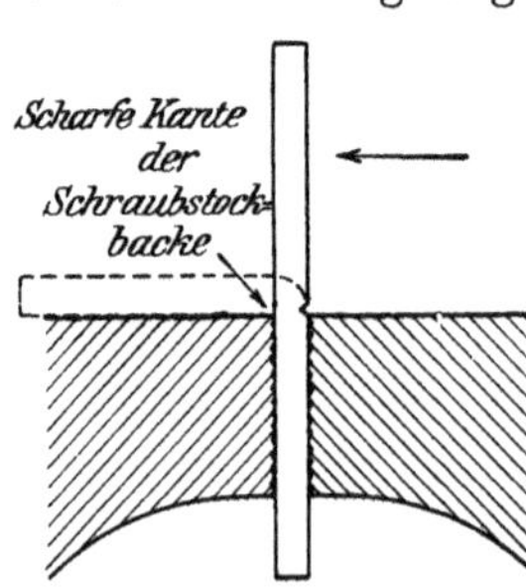

Fig. 22* u. Fig. 23*. Kerbschlagbiegeprobe nach E. Heyn.

zu untersuchenden Stück werden nach Fig. 22 Probestäbchen von 4 × 6 mm Querschnitt und etwa 60 mm Länge durch

[1]) Vgl. O. Bauer und E. Deiß, Probeentnahme und Analyse von Eisen und Stahl, S. 12/13.

Sägen und Hobeln herausgearbeitet. In der Mitte ihrer Länge erhalten die Stäbchen auf der einen 6 mm breiten Seite eine $^1/_2$ mm tiefe Kerbe, die durch Hobeln mit einem Stahl hergestellt wird, dessen Spitze einen Winkel von 60^0 besitzt. Das Stäbchen wird nach Fig. 23 zwischen die Backen eines Schraubstockes gespannt und durch einen Schlag mit einem Handhammer in der eingezeichneten Pfeilrichtung in die punktierte Winkellage gebracht. Dieses Umschlagen aus der Strecklage in die Winkellage gilt als erste Biegung. Als zweite Biegung rechnet man das Zurückbiegen des Stabes aus der Winkellage in die ursprüngliche Strecklage. Letzteres erfolgt dadurch, daß man den gebogenen Stab zwischen die geöffneten Schraubstockbacken einspannt und den Schraubstock allmählich zusammenschraubt. Falls der Stab bis dahin noch nicht gebrochen sein sollte, wiederholt man den eben beschriebenen Vorgang nochmals, so daß man gegebenen Falles noch eine dritte und vierte Biegung zählen kann. Die Anzahl der Biegungen bis zum Bruche bezeichnet man als Biegezahl. Bei bestem weichen und zähen Material kann die Biegezahl den Wert 4 erreichen, während man bei sehr sprödem Material die Biegezahl 0 erhält, d. h. bei dem Schlage des Hammers bricht der Stab sofort ohne irgendwelche Formänderung.

Der Querschnitt der Probestäbchen (4 $\times$ 6 mm) ist so gewählt, daß man sowohl aus den Randzonen wie aus der Kernzone von Kesselblech Probestäbe entnehmen kann. Bei Blechen mit erheblicher Seigerung werden nach Vorstehendem die Probestäbe aus der Kernzone stets eine geringere Biegezahl aufweisen als die Probestäbe aus der Randzone. Man kann also durch die Heynsche Kerbschlagprobe über die Sprödigkeit des Materials an den verschiedenen Stellen des Probestückes in einfachster Weise Aufschluß erhalten.

Die durch die Seigerung bedingte Sprödigkeit von Kesselblechen ist bei hohem Phosphor- und Schwefelgehalt unter Umständen so groß, daß schon ein kräftiger Schlag mit dem Hammer in kaltem Zustande gefährlich werden kann, weil dadurch Risse und Anbrüche verursacht werden können. Erwähnt sei folgender Fall.

Der Dampfkessel eines Wasserwerkes riß nach sechsjährigem Betriebe bei der Wasserdruckprobe in der Nietlängsnaht eines

Schusses auf einer Strecke von 1,25 m auf. Das Blech zeigte in der Nähe der Bruchstelle zahlreiche, häufig von den Nietlöchern ausgehende alte Anrisse. Fig. 24 zeigt einen derartigen Anriß in einer mit Kupferammoniumchloridlösung geätzten Schliffläche. Man ersieht aus Fig. 24, daß das Blech eine starke Seigerung aufweist, sowie auch dunkle Streifen, also besonders

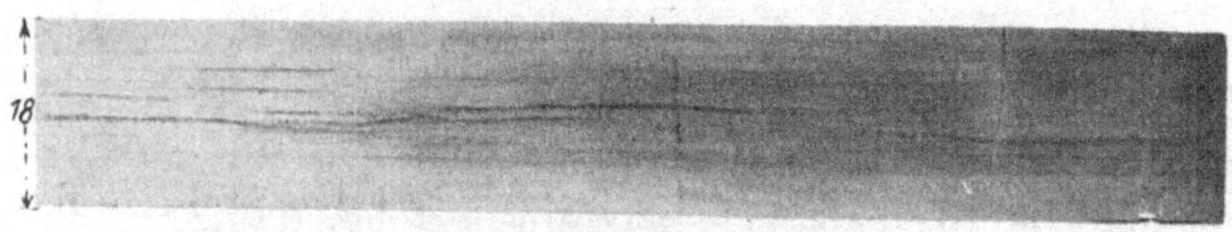

Fig. 24.
Flußeisenkesselblech mit Seigerung und örtlichen Phosphoranreicherungen.

starke örtliche Phosphoranreicherungen besitzt. Man erkennt ferner, daß die betreffende Probe am Ende der Seigerungszone entnommen worden ist, da die auf der rechten Seite des Bildes befindliche Seigerungszone in eine Spitze ausläuft (vgl. das zu Fig. 19 c Gesagte).

Das Blech wies an der Bruchstelle (vgl. die nachstehende Tabelle) in der Kernzone einen Phosphorgehalt von 0,078°/₀ und einen Schwefelgehalt von 0,088°/₀ und in den Randzonen einen Phosphorgehalt von 0,022°/₀ und einen Schwefelgehalt von 0,016°/₀ auf. Der Phosphorgehalt ist also in der Kernzone 3,5 mal und der Schwefelgehalt 5,5 mal größer als in den Randzonen. Sowohl der Phosphorgehalt als auch der Schwefelgehalt sind als unzulässig hoch zu bezeichnen und zum mindesten mit für die Sprödigkeit des Bleches verantwortlich zu machen, falls nicht noch etwa andere Ursachen, wie z. B. eine unsachgemäße Verarbeitung des Bleches, worauf hier nicht näher eingegangen werden soll, ebenfalls zu der Sprödigkeit des Bleches beigetragen haben sollten.

Es erschien dem Besitzer des eben genannten Kessels wünschenswert, zu wissen, ob auch das Material der beiden anderen Schüsse des Kessels, die bei der Wasserdruckprobe nicht aufgerissen waren, eine ebenso große Sprödigkeit besaß wie das Material des aufgerissenen Schusses. Es wurden daher auch die beiden anderen Schüsse auf ihren Gehalt an Phosphor und Schwefel hin untersucht. Beide Schüsse bestanden aus je einer ganzen Blechtafel, von der rechts und links der Längsnietnaht je eine Probe entnommen wurde. Man konnte auf diese Weise aus dem Vergleich der Höhe des Phosphor- und Schwefelgehaltes an den beiden Probeentnahmestellen desselben Schusses feststellen, welche Seite der Blechtafel zunächst dem Kopfende bzw. dem Fußende des Blockes gelegen hatte, da das Kopfende des Blockes nach dem früher Gesagten stets einen höheren Phosphor- und Schwefelgehalt aufweist als das Fußende.

Die nachstehende Zahlentafel zeigt die Ergebnisse der chemischen Analyse.

Probeentnahmestelle	Phosphor			Schwefel			Bemerkungen
	Randzone %	Kernzone %	Verhältnis Randozne zu Kernzone	Randzone %	Kernzone %	Verhältnis Randzone zu Kernzone	
Schuß I	0,022	0,078	3,5	0,016	0,088	5,5	an d. Bruchst.
Schuß II	0,020	0,065	3,1	0,0145	0,066	4,5	Kopfende
	0,021	0,021	1,0	0,018	0,027	1,5	Fußende
Schuß III	0,025	0,032	1,3	0,044	0,056	1,3	Kopfende
	0,017	0,022	1,3	0,028	0,034	1,2	Fußende

Man sieht daraus, daß die Schüsse II und III einen geringeren Phosphor- und Schwefelgehalt und damit eine geringere Sprödigkeit als der gerissene Schuß I besaßen. Man erkennt ferner, daß das Kopf- und Fußende des Blockes sich durch den verschiedenen Phosphor- und Schwefelgehalt an den beiden Enden der Blechtafeln noch deutlich unterscheiden lassen, und daß der Phosphor- und Schwefelgehalt in der Kernzone des gerissenen Schusses I und in der Kernzone des Kopfendes des Schusses II 3,1—5,5 mal größer ist als der Phosphor- und Schwefelgehalt in den Randzonen der betreffenden Stellen [1]).

[1]) Weitere Fälle, in denen Risse an Kesselblechen infolge von großer Sprödigkeit auftraten, die zum mindesten zu einem sehr erheblichen Teile auf den hohen Phosphor- und Schwefelgehalt und die starke Seigerung zurückzuführen waren, siehe u. a. Z. Ver. deutsch. Ing. 1906, S. 1, und Z. d. Bayerischen Revisionsvereines 1912, S. 51.

IV. Prüfung von Schweißungen.

Die Ätzung mit Kupferammoniumchlorid gestattet in einfachster Weise, den Verlauf und die Güte von Schweißstellen bei Schweißeisen und Flußeisen zu erkennen. Da an der Schweißfuge zwei Materialstücke zusammenstoßen, die meist ein voneinander etwas abweichendes Gefüge haben, so prägt sich die Schweißfuge durch die Gefügeänderung deutlich aus, zum mindesten ist sie aber auch bei vollkommen gleichartigem Gefüge der beiden verschweißten Stücke als dunkle Linie erkennbar.

Fig. 25 zeigt ein Stück Flacheisen, in das ein Stück Rundeisen eingeschweißt wurde. Die Schweißung war so vollkommen, daß sich vor der Ätzung mit dem bloßen Auge nicht die geringste Andeutung einer Schweißstelle erkennen ließ, selbst dann nicht, als die Fläche geschlichtet und mit Schmirgel poliert worden war. Nach der Ätzung traten jedoch die Grenzen der beiden geschweißten Stücke und ihr Gefüge sofort deutlich hervor, wie Fig. 25 erkennen läßt. Die Ätzung mit Kupferammoniumchlorid kann also dazu dienen, geschweißte Stellen aufzudecken und ein Bild von dem Umfange und der Güte der Schweißung zu geben, sowie auch gegebenen Falles ungeschweißte Stellen, von denen aus irgendwelchen Gründen vermutet wird, daß sie geschweißt seien, von diesem Verdacht zu befreien.

Fig. 25. Geschweißte Flußeisenprobe.

Fig. 26 stellt einen von Hand überlappt geschweißten Flachstab dar, dessen Schweißnaht vor der Ätzung auf keine Weise zu erkennen war.

Fig. 27 gibt ebenfalls die Schweißung eines Flachstabes wieder, jedoch handelt es sich hier um einen von zwei Seiten autogen geschweißten Stab. Man erkennt deutlich das zwischen den beiden Stabenden befindliche eingeschmolzene Eisen. Auch hier war die Art der Schweißnaht vor dem Ätzen nicht im geringsten zu erkennen.

Fig. 28 ist der Querschnitt durch ein $^3/_4$zölliges Gasrohr. Nach der Ätzung trat die zuvor nicht erkennbare stumpfe Schweißnaht deutlich hervor. Die Ätzung kann also bei Rohren

Fig. 26. Von Hand geschweißtes Flußeisenblech.

Fig. 27. Autogen geschweißtes Flußeisenblech.

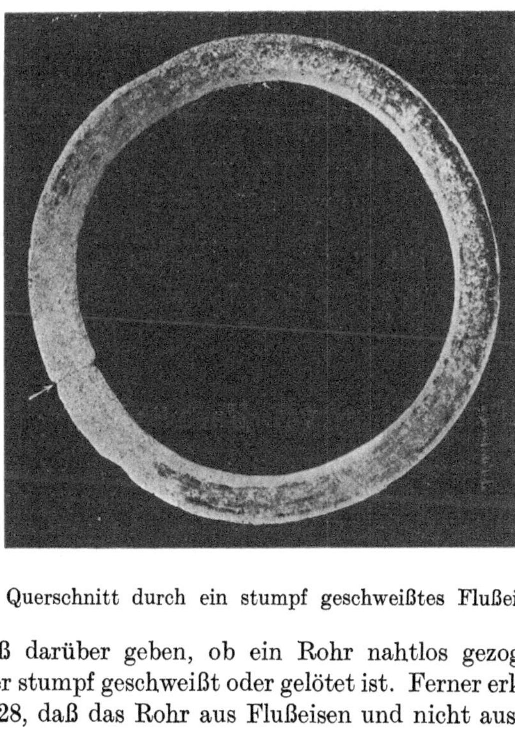

Fig. 28. Querschnitt durch ein stumpf geschweißtes Flußeisengasrohr.

Aufschluß darüber geben, ob ein Rohr nahtlos gezogen, überlappt oder stumpf geschweißt oder gelötet ist. Ferner erkennt man aus Fig. 28, daß das Rohr aus Flußeisen und nicht aus Schweißeisen besteht. Bei einem aus Schweißeisen hergestellten Rohr müßte sich die dunkle Streifung des Querschnittgefüges bis unmittelbar an die Schweißfuge heranziehen. Bei Flußeisen dagegen, aus dem das Rohr besteht, erstreckt sich nach dem zu Fig. 19 c Gesagten die Seigerungszone nicht bis an den Rand der Blechtafel heran. Die Seigerungszone endigt vielmehr in einiger Entfernung von den Rändern des Bleches, indem sie an ihren Enden meist in eine mehr oder weniger stark ausgeprägte Spitze ausläuft, wie das auch Fig. 28 erkennen läßt.

In der angegebenen Weise kann man nicht nur die gegenseitige Abgrenzung zweier miteinander verschweißter Stücke feststellen, sondern auch die Grenzen von zwei miteinander vergossenen Stücken oder die Lage von Löchern, die durch gut passende Schrauben (Pfropfen) verschlossen wurden. Als Beispiel seien hier zwei Fälle angeführt. In dem einen Falle handelte es sich um die genaue Feststellung des Verlaufs einer Flußeisenschaufel, die in den Kranz einer Turbine so gut eingegossen war, daß die Grenzen zwischen der Schaufel und dem Kranz erst nach dem Ätzen deutlich hervortraten. In einem anderen Falle sollte für die Untersuchung von Preßlufthämmern die Lage der Bohrungen des Hammers für die Preßluftkanäle genau bestimmt werden. Die Bohrungen der Kanäle waren auf der Außenseite des Hammerkörpers durch sehr dicht schließende Schrauben geschlossen, deren Lage auf keinerlei Weise erkennbar war. Nach dem Ätzen hoben sich die Schrauben deutlich von dem Material des Hammerkörpers, in dem sie saßen, ab, so daß die Lage der Luftkanäle genau festgelegt werden konnte.

V. Feststellung von Formänderungen.

Die Ätzung mit Kupferammoniumchlorid gibt ferner wertvolle Aufschlüsse über Formänderungen, die das Flußeisen und Schweißeisen bei niederen Temperaturen, z. B. bei Zimmerwärme, durchgemacht hat. Diese werden einerseits dadurch ermöglicht, daß die Seigerungszone des Flußeisens und die verschiedenen Schichten und Einschlüsse des Schweißeisens alle Formänderungen mitmachen und daher nach der Ätzung die stattgehabten Formänderungen durch ihre Farbunterschiede erkennen lassen. Andererseits erscheinen diejenigen Stellen, an denen besonders starke Formänderungen vor sich gegangen sind, nach der Ätzung dunkler als die umliegenden weniger beanspruchten Stellen. Letzteres ist darauf zurückzuführen, daß an den Stellen stärkster Formänderungen das Gefüge zerstört und aufgerauht ist und daher das auffallende Licht nur in geringerem Maße zurückgeworfen wird als von den nicht so stark beanspruchten und in ihrem Gefüge verzerrten Stellen.

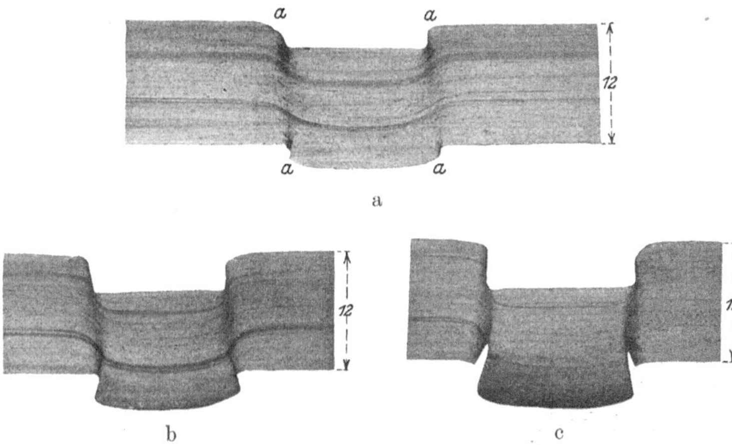

Fig. 29. Vorgang des Lochstanzens beim Flußeisen.

Fig. 29 a bis c zeigt ein Stück Flußeisenblech von 12 mm Dicke, in das durch eine Stanze ein kreisförmiges Loch gestanzt wurde, und zwar zeigen die einzelnen Figuren die Formänderungen des Bleches zu verschiedenen Zeiten des Stanzvorganges. Man erkennt bei allen drei Figuren aus dem Verlauf der dunklen, phosphorhaltigen, nach dem Ätzen hervorgetretenen Stellen sehr deutlich, wie sich das Material unter dem Stanzstempel verschoben und fortgedrückt hat. Man sieht ferner auch, daß die Stellen stärkster Formänderung, nämlich die in Fig. 29 a mit a—a bezeichneten Abscherquerschnitte in allen drei Figuren dunkel erscheinen, und zwar aus dem früher angegebenen Grunde, weil hier die Kristalle infolge ihrer Zerstörung das Licht nur schlecht reflektieren. Ferner lassen alle drei Figuren sehr deutlich erkennen, daß sich das Eisen des vollen Bleches in der Nähe des

Lochrandes infolge der Stanzstempelwirkung in der Stanzrichtung herumgebogen hat. Man kann also aus dem Verlauf der Fasern in der Nähe des Lochrandes feststellen, ob ein Blech gestanzt oder gebohrt ist, da bei gebohrten Löchern naturgemäß niemals eine Krümmung der Blechfasern in der Nähe des Lochrandes eintritt. Es laufen vielmehr bei gebohrten Löchern die Fasern des Bleches senkrecht auf die Lochleibung zu, wie dies die Nietlöcher der späteren Fig. 31 und 32, S. 29 deutlich erkennen lassen.

Die Feststellung der Tatsache, ob ein Loch, z. B. ein Nietloch, in einem Kessel gebohrt oder gestanzt ist, ist von erheblicher Wichtigkeit. Bekanntlich hat man früher vielfach die Nietlöcher in Kesselblechen gestanzt, zieht aber in neuerer Zeit mit Recht das Bohren der Löcher dem Stanzen vor. Durch den Stanzvorgang wird nämlich, wie die Fig. 29a bis c erkennen lassen, das Blech sehr stark in Mitleidenschaft gezogen. Die bereits erwähnte Krümmung der Blechfasern in der Nähe des Lochrandes kann so stark sein, daß die einzelnen Schichten des Bleches insbesondere dann, wenn das Blech aus stark geseigertem Material oder Schweißeisen besteht, sich voneinander zu trennen beginnen. Auf diese Weise entstehen dann feine Anrisse in der Lochleibung, die im Laufe der Zeit um so gefährlicher werden können, da sie sich oft durch die Wirkung des Rostes vergrößern und überdies durch ihre örtliche Lage im Kessel im allgemeinen jeder Beobachtung entzogen sind.

Während die Fig. 29a bis c den Vorgang des Lochstanzens in einem Flußeisenblech zeigen, stellen die Fig. 30 a bis d den gleichen Vorgang an einem Schweißeisenblech von 10 mm Dicke dar, das infolge seiner stark ausgeprägten Schichtenbildung die Formänderungsvorgänge besonders gut verfolgen läßt. Für die Fig. 30 a bis d gilt alles für die Fig. 29 a bis c Gesagte in gleicher Weise.

Die Fig. 31 und 32 zeigen die Materialverschiebungen von Nietschäften bei schlecht übereinstimmenden Löchern der beiden vernieteten Bleche. Man erkennt auch aus diesen Figuren sehr deutlich, wie sich das Material der Nietköpfe während der Kopfbildung gelagert hat. Die Bleche sind in beiden Fällen Flußeisenbleche, was sich aus der ausgeprägten Seigerungszone sowie den in der Seigerungszone liegenden dunklen phosphorhaltigen

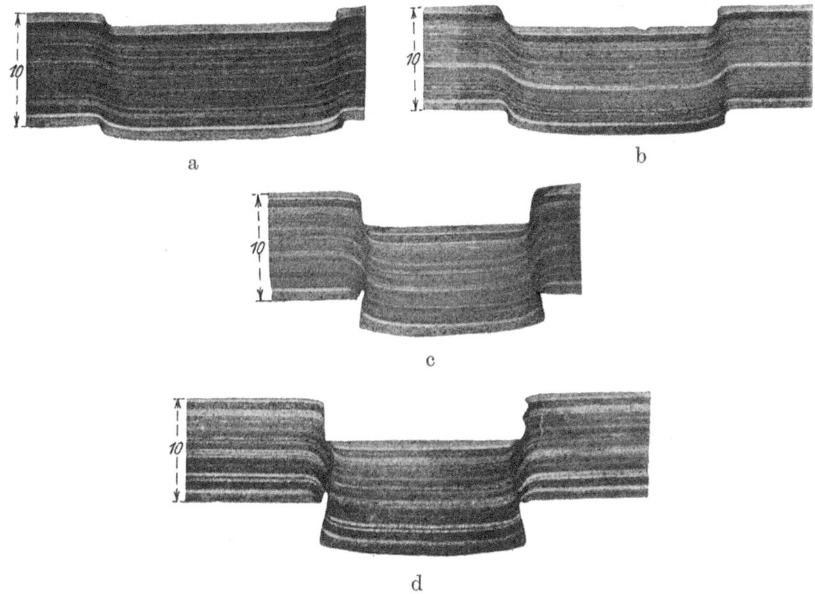

Fig. 30. Vorgang des Lochstanzens bei Schweißeisen.

Fig. 31. Nietung, Flußeisenblech und Flußeisenniet.

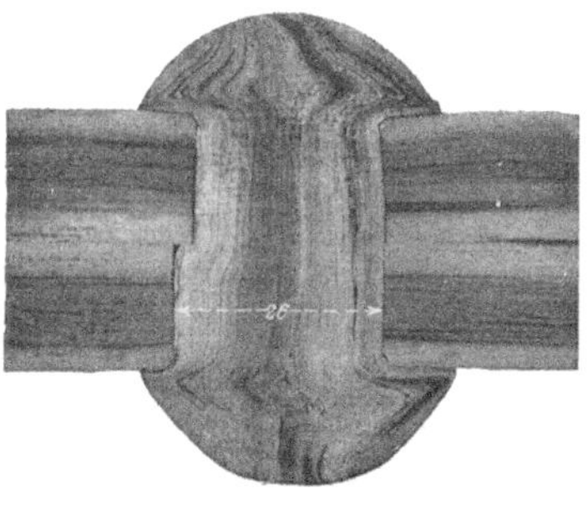

Fig. 32. Nietung, Flußeisenblech und Schweißeisenniet.

Streifen erkennen läßt. Der Niet in Fig. 31 besteht aus Flußeisen, der Niet in Fig. 32 aus Schweißeisen. Beachtenswert ist in Fig. 31 noch der Umstand, daß die Nietlöcher in den beiden Blechen gebohrt sind. Dies läßt sich nach dem oben Gesagten daraus folgern, daß die nach dem Ätzen sichtbar gewordene Faserrichtung des Bleches senkrecht auf die Nietlochleibung zuläuft. Dagegen sind die Kanten der beiden vernieteten Bleche auf der Seite b—b mit einer Schere abgeschnitten und nicht etwa gesägt oder gehobelt, was sich aus den am Rande umgebogenen Fasern deutlich zu erkennen gibt.

Fig. 33 stellt einen axialen Längsschnitt durch ein ursprünglich 32 mm langes Stück Rundeisen von 12 mm Durchmesser dar, das im kalten Zustande durch eine Presse auf die Hälfte seiner Höhe zusammengedrückt wurde [1]). Man kann bei der starken Seigerung des Materials den Verlauf der Formänderungen der verschiedenen Fasern sehr genau verfolgen. Beachtenswert erscheint dabei, daß die Randfasern auf der tonnenförmigen Außenfläche des Körpers nur nach einer Seite gekrümmt sind, während die Krümmung der Fasern z. B. an der Übergangsstelle zwischen der helleren Randzone und der dunkleren Kernzone in der Nähe der Druckfläche einen Wendepunkt zeigen, was sich aus der großen Reibung an den Druckflächen erklären dürfte, die eine Materialverschiebung zu verhindern sucht. Ferner sind die vier dunklen Streifen beachtenswert, die von den vier Endpunkten des Probekörpers aus etwa in der Richtung von Diagonalen nach dem Innern zu verlaufen. Dies sind die Stellen stärkster Beanspruchung, die nach dem früher Gesagten infolge der dort aufgetretenen Gefügezerstörung dunkel erscheinen. In diesen Diagonalen, also den Linien stärkster Beanspruchung, tritt später dann auch der Bruch ein, falls das Material nicht etwa so nachgiebig ist, daß es eine sehr weitgehende Zusammendrückung ohne Anrisse auszuhalten vermag.

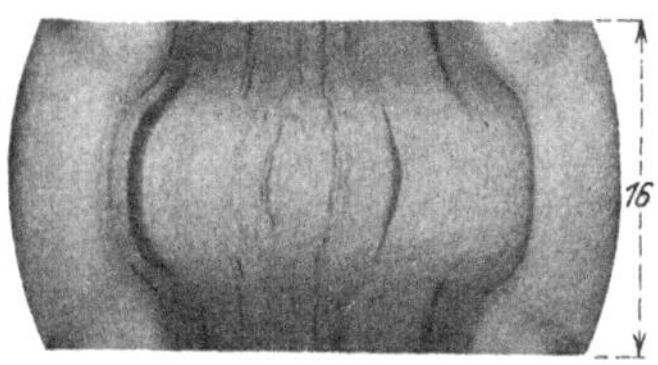

Fig. 33. Gestauchter Flußeisenzylinder.

Fig. 34 ist der Querschnitt durch einen Rundstab aus Flußeisen, der eine sehr eigenartige 8-förmige Seigerung aufweist. Diese 8-förmige Figur dürfte auf folgende Weise entstanden sein. Der Rundstab, der bei der Untersuchung etwa 50 mm

[1]) Die in Fig. 33 im Längsschnitt dargestellte Probe wurde aus derselben Stange entnommen, deren geätzten Querschnitt Fig. 11 zeigt.

Durchmesser besaß, war aus einem Rundstabe von größerer Dicke auf den Durchmesser von 50 mm heruntergeschmiedet worden. Diese Schmiedearbeit erkennt man noch daran, daß der Umfang des Stabes in Fig. 34 nicht vollkommen kreisförmig ist, sondern aus vielen kurzen, geraden, von den Wirkungen der Hammerschläge herrührenden Strecken besteht. Bei dem Herunterschmieden von dem größeren auf den kleineren Durchmesser hatte es der Schmied aus Bequemlichkeit augenscheinlich verabsäumt, nach jedem Hammerschlage den Stab etwas zu drehen. Er hatte den Stab vielmehr während einer größeren Zahl von Schlägen ruhig auf dem Amboß liegen lassen, so daß

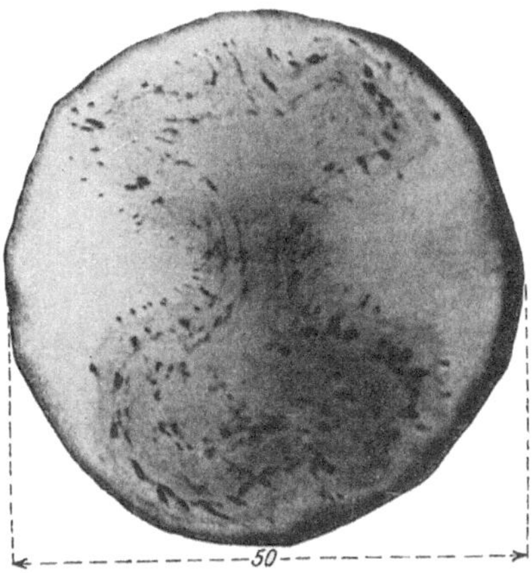

Fig. 34. Flußeisenrundstab mit 8-förmiger Seigerung.

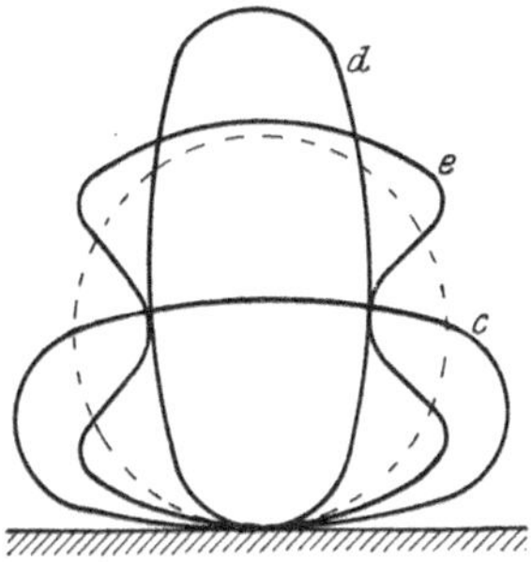

Fig. 35. Schematische Erklärung zu Fig. 34.

er infolge der Wirkung der wiederholten Schläge auf der gleichen Stelle einen elliptischen Querschnitt nach der Linie c in Fig. 35 erhielt. Danach hatte er den Stab plötzlich um 90^0 gedreht, so daß der elliptische Querschnitt nach Linie d nunmehr hochkantig stand. In dieser Stellung hatte er wiederum mehrere Schläge auf den Stab ausgeübt, der dabei nach Linie e einen 8-förmigen Schnitt annahm. Später wurde dann der 8-förmige Querschnitt zu einem runden Querschnitt weiter ausgeschmiedet. Da jedoch nach dem zu Fig. 11 Gesagten die Formänderungsvorgänge sich in derartigen Fällen im wesentlichen an der Oberfläche des Materials vollziehen, so blieb die im Kern vorhandene 8-förmige Seigerungszone als ein bleibendes Zeugnis über die vorausgegangenen Formänderungsvorgänge erhalten.

B. Mikroskopische Prüfungen.

I. Allgemeines. Schleifen und Ätzen der Proben. Das Metallmikroskop.

Die Herstellung der Schliffproben für die mikroskopische Untersuchung, durch die man einen weitergehenderen Aufschluß über das Gefüge erhält, als es durch die makroskopische Prüfung möglich ist, erfordert naturgemäß auch eine größere Sorgfalt als die Vorrichtung der Schliffflächen für die makroskopische Untersuchung. Die Größe der Schlifffläche für die mikroskopische Untersuchung beträgt zweckmäßig $^1/_2$—2 qcm. Um die Proben bei dem Schleifen bequem in der Hand halten zu können, gibt man ihnen, falls möglich, etwa eine Dicke von 1 cm in der zur Schlifffläche senkrechten Richtung. Danach werden die Proben im allgemeinen einen Rauminhalt von etwa $^1/_2$—2 ccm haben. Handelt es sich um die Untersuchung von größeren Flächen, deren sorgfältiges Schleifen im ganzen nicht möglich ist oder sehr zeitraubend wäre, so entnimmt man mehrere Proben von der oben angegebenen Größe an verschiedenen Stellen des Probestückes. Diese Stellen müssen mit Rücksicht auf den Zweck der Untersuchung selbstverständlich sachgemäß ausgewählt werden.

Soll die Bruchursache eines Probestückes ermittelt werden, so wird man zweckmäßig Probekörper in der unmittelbaren Nähe der Bruchfläche, und zwar sowohl parallel als auch senkrecht zu der Bruchfläche, entnehmen, sowie auch ferner Probekörper an einer möglichst weit von der Bruchfläche entfernten Stelle des Probestückes. Auf diese Weise wird es ermöglicht, den Einfluß von örtlichen Eigentümlichkeiten des Materials in der Nähe der Bruchstelle auf den Eintritt des Bruches zu erkennen.

Dünne Drähte und Blechstreifen, bei denen ein vollkommen ebenes Schleifen des Querschnittes ohne besondere Vorkehrungen nicht gut möglich ist, gießt man nach Fig. 36 a in eine Weißmetallegierung ein, deren Schmelzpunkt möglichst niedrig gewählt sein muß, damit das Gefüge der Probe durch die Wärmewirkung nicht verändert wird. Meist kommt man jedoch einfacher und schneller zum Ziele, wenn man Drähte und Bleche nach Fig. 36 b und c zwischen die Schenkel eines U-förmig gebogenen Stückes Kupferblech von etwa 3—4 mm Dicke legt und die beiden Schenkel dann zwischen den Backen eines Schraubstockes zusammenbiegt.

Für das Schleifen der Proben werden verschiedene Verfahren benutzt. Es soll hier nur das im Königl. Materialprüfungsamt zu Berlin-Groß-Lichterfelde-West von A. Martens und E. Heyn ausgebildete und dort stets angewandte Verfahren beschrieben werden, das auch für die Zwecke des Ingenieurs als besonders geeignet zu empfehlen sein dürfte. Das Schleifen erfolgt mit Hilfe von Schmirgelpapier, das auf Holzscheiben aufgeleimt wird. Die kreisförmigen Scheiben haben einen Durchmesser von etwa 350 mm und bestehen aus drei Lagen Rotbuchenholz, um ein Verziehen des Holzes zu verhindern, was die Herstellung ebener Schliffe ausschließen würde. Auf die eine Seite der verleimten Scheiben wird ein gußeisernes Futter aufgeschraubt, mit dem die Scheiben auf einer Drehbank oder einem kleinen Motor befestigt werden können. Man läßt die Scheiben etwa 400—600 Umdrehungen in der Minute machen. Das Aufkleben des Schmirgelpapiers auf die eine Kreisfläche der Scheiben erfolgt mit Tischlerleim. Es ist darauf zu achten, daß der Leim vor der Benutzung durch ein feines Sieb gelassen wird. Dies hat den Zweck, kleine Knötchen im Leim abzuscheiden, die zwischen den Holzscheiben und dem Schmirgelpapier Höcker bilden und Risse in den Proben verursachen würden. Man kann nach Abnutzung des ersten unmittelbar auf die Scheibe geklebten Stückes Schmirgelpapier noch weitere Stücke Schmirgelpapier — etwa bis zu 10 Stück — aufeinander kleben und zwar jedes Stück unmittelbar auf das vorangegangene abgenutzte Stück. Erhält die Scheibe in dieser Weise mehrere Lagen Schmirgelpapier übereinander, so wird sie gelegentlich wieder durch Abdrehen von dem aufgeleimten Papier befreit.

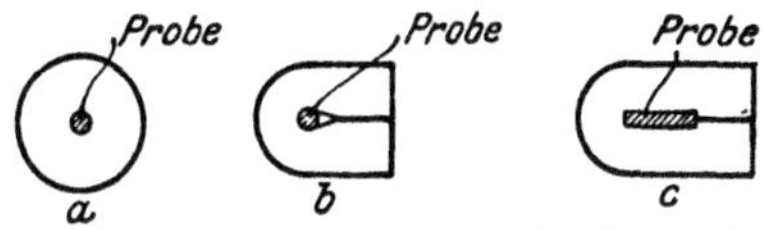

Fig. 36. Fassen kleiner Probestücke für das Schleifen.

Als Schmirgelpapier muß eine gute Sorte verwendet werden, die nur Schmirgelkörner vollkommen gleicher Körnung enthält, weil sonst die Schliffflächen Risse erhalten, die die Untersuchung stark stören. Gut bewährt hat sich die Marke „Hubert“ [1]). Man benutzt zweckmäßig folgende Körnungen: „2 grob, 1 grob, 1mittel, 1 fein, 0 fein, 00 fein“. Das Schleifen erfolgt stets trocken, nur bei der Sorte „00 fein“ gibt man 1—3 Tropfen Öl auf das Schmirgelpapier.

Die zu schleifende Fläche der Probe wird mit leichtem Druck gegen die Schleifscheibe gehalten. Kräftiges Andrücken, wie es sonst bei dem Polieren üblich ist, ist zu vermeiden, weil dadurch die Probe warm wird und durch die Wärmewirkung leicht eine Gefügeänderung eintreten kann. Auch erhält man bei kräftigem Andrücken keine saubere Schlifffläche. Es empfiehlt sich, immer etwa 4—6 Schliffproben gleichzeitig herzustellen. Man beginnt mit der gröbsten Schmirgelkörnung „2 grob“. Nach dem Schleifen der Probe legt man diese am besten mit der Schlifffläche auf ein größeres, sauberes, ebenes Metallstück, etwa eine Drehbankwange, damit die bei dem Schleifen entstandene Wärme gut abgeführt wird und der Schliff bis zum Beginn des Schleifens auf der nächstfeineren Scheibe genügend abgekühlt ist.

Verliefen bei dem Schleifen mit der Körnung „2 grob“ die Schleifrisse auf der Probe in der Richtung a—a (Fig. 37), so hält man die Probe bei dem Schleifen mit der nächsten Körnung „1 grob“ so, daß die neuen Schleifrisse senkrecht zu den früheren Schleifrissen, also in der Richtung b—b verlaufen. In der gleichen Weise verfährt man bei den folgenden Scheiben. Es muß also bei jeder Schleifscheibe die Richtung der Schleifrisse senkrecht zu der Richtung der Schleifrisse der vorangegangenen Scheibe stehen, und man darf auf keiner Scheibe das Schleifen eher abbrechen und zu der nächstfeineren Scheibe übergehen, bevor nicht alle Risse von den vorangegangenen Scheiben vollständig entfernt sind. Beachtet man diese Vorsichtsmaßregel nicht, so rächt sich jene Nachlässigkeit später dadurch, daß die zuvor nicht vollständig entfernten Risse bei dem Polieren auf der

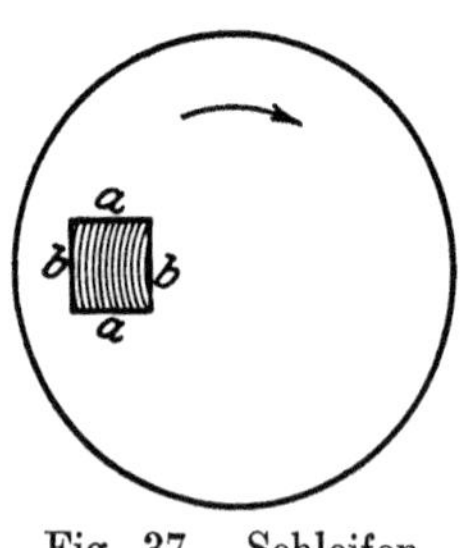

Fig. 37. Schleifen der Proben.

[1]) Bezugsquelle: Hintzpeter & Lohbeck, Berlin, Neanderstr. 4.

Tuchscheibe sehr kräftig hervortreten. Hierdurch wird die Schliffläche unbrauchbar, und es muß von neuem mit dem Schleifen begonnen werden.

Nach dem Schleifen auf der letzten Scheibe mit der Körnung „00 fein" wird der Schliff noch poliert. Dies geschieht in folgender Weise. Eine verleimte Holzscheibe in der gleichen Ausführung, wie sie zum Aufkleben des Schmirgelpapiers benutzt wurde, wird auf der einen Kreisfläche mit einem Stück Tuch aus reiner Wolle beschlagen. Das Tuch darf keine Baumwolle enthalten, die Risse auf der Schliffläche erzeugt. Am besten ist gutes Militärtuch. Das Tuch wird mit Wasser angenäßt und auf die nasse Fläche mit einer Bürste oder dgl. etwas Polierrot aufgetragen. Das Polierrot muß eine feine und sehr gleichmäßige Körnung besitzen, weil sonst die Schliffläche rissig wird [1]). Die Probe wird so lange auf der Tuchscheibe poliert, bis sie eine vollständig spiegelnde und rißfreie Schliffläche aufweist. Danach wird das anhängende Polierrot unter Wasser sorgfältig von der Probe abgespült und im Anschluß daran die Probe von dem Wasser durch kräftiges Spülen mit Alkohol befreit. Will man die Probe nicht unmittelbar nach dem Polieren ätzen, so bewahrt man sie in einem teilweise mit Chlorkalzium gefüllten Exsikkator auf.

Das vollständige Schleifen und Polieren von etwa 4 bis 6 Proben in der angegebenen Weise dauert etwa $1^1/_2$—2 Stunden. Bei weniger als 4 Proben tritt nur eine verhältnismäßig sehr geringe Zeitersparnis ein.

Nach dem Schleifen und Polieren läßt die Schliffläche der Probe mit dem bloßen Auge oder unter dem Mikroskop im allgemeinen gar keine oder nur sehr geringe Einzelheiten erkennen. Das Gefüge muß erst durch Ätzung sichtbar gemacht werden. Von den einzelnen Forschern werden die verschiedenartigsten Ätzmittel vorgeschlagen und benutzt. Es sei hier jedoch lediglich auf die von A. Martens und E. Heyn eingeführte Ätzung mit einer Lösung von 1 ccm reiner Salzsäure in 100 ccm absolutem Alkohol (kurz als „Salzsäure-Alkohol" bezeichnet) hingewiesen und dieses Ätzmittel besonders empfohlen. Mit diesem Ätzmittel wurden alle in den folgenden Abschnitten dieses Buches wieder-

---

[1]) Geeignetes Polierrot liefert die Firma Dr. Mayer, G. m. b. H., Chemische Fabrik, Brötzingen bei Pforzheim.

gegebenen mikroskopischen Schliffproben, soweit es sich um Proben der verschiedenartigsten Eisensorten handelt, geätzt. Das Ätzen geschieht in folgender Weise. Vor dem Einlegen in das Ätzmittel wird die Schlifffläche gegebenenfalls nochmals mit Alkohol besonders gut gereinigt. Die Probe kommt dann in die Ätzflüssigkeit und verbleibt darin so lange, bis die zuvor spiegelblanke Schlifffläche eine leichte milchige Trübung anzunehmen beginnt. Dieses dauert bei Eisen und ungehärtetem Stahl etwa 3—15 Minuten, bei gehärtetem Stahl und Sonderstahlsorten meist länger, etwa bis zu einer Stunde. Man kann sich von der fortschreitenden Wirkung des Ätzmittels überzeugen, indem man die Probe zuweilen aus der Ätzflüssigkeit herausnimmt und unter dem Mikroskop betrachtet. Ist die Ätzung noch nicht genügend fortgeschritten, so kommt die Probe wiederum in das Ätzbad. Nach dem letzten Herausnehmen der Probe aus dem Ätzbad muß die Flüssigkeit von der Probe durch sorgfältiges Waschen mit Alkohol entfernt werden. Um ein Anlaufen der Schlifffläche zu verhindern, muß die Probe in einem Exsikkator aufbewahrt werden. Bei dieser Art der Lagerung bleibt das mikroskopisch sichtbare Kleingefüge meist jahrelang erhalten. Für das Ätzen von Sonderstahlsorten sei außer der eben genannten Salzsäure-Alkohollösung noch die von A. Martens angegebene Lösung von 4 ccm Salpetersäure in 100 ccm absolutem Alkohol genannt. Diese Lösung ist dann zu empfehlen, wenn die Ätzung mit Salzsäure-Alkohol bei harten Stahlsorten und Sonderstählen nicht genügend schnell zum Ziele führen sollte.

Auf andere Mittel, die dazu dienen können, das Kleingefüge für die mikroskopische Untersuchung sichtbar zu machen, wie z. B. das Reliefpolieren, Ätzpolieren, Ätzen auf elektrolytischem Wege usw., soll hier nicht eingegangen werden, weil diese Mittel für den Ingenieur weniger in Betracht kommen und auch in keinem Falle für die in diesem Buche besprochenen Schliffproben benutzt wurden.

Die in der vorstehend beschriebenen Weise vorgerichteten Schliffproben sind nunmehr für die Untersuchung mit dem Mikroskop fertig. Für die mikroskopische Untersuchung gilt im allgemeinen, daß man zunächst stets mit einer möglichst schwachen Vergrößerung arbeiten soll, damit das dem betreffenden Gefüge eigentümliche Gesamtbild nicht durch Einzelheiten gestört wird.

Erst nachdem man die Schliffläche bei schwacher Vergrößerung eingehend an allen Stellen untersucht hat, benutze man eine stärkere Vergrößerung, falls eine solche überhaupt erforderlich sein sollte.

Es sei an dieser Stelle besonders darauf aufmerksam gemacht, daß mit Rücksicht auf den im Vorwort dargelegten Zweck und Umfang dieses Buches die Vergrößerung fast aller in diesem Buche enthaltenen Kleingefügeabbildungen nur etwa 40—100fach ist. Nur in sehr wenigen Fällen ist aus besonderen Gründen eine etwas stärkere Vergrößerung gewählt. Man ersieht daraus, daß bereits ein ganz einfaches und entsprechend billiges Mikroskop genügt, um alle diejenigen Aufschlüsse zu erhalten, von denen in den folgenden Abschnitten die Rede ist.

Die für die Untersuchung von Metallschliffen geeigneten „Metall"-Mikroskope unterscheiden sich hinsichtlich der Beleuchtung der zu untersuchenden Proben nicht unwesentlich von den sonst üblichen Mikroskopen. Bei letzteren arbeitet man mit „durchfallendem Licht", d. h. die Probe ist so dünn und lichtdurchlässig, daß man bei der mikroskopischen Beobachtung die Lichtquelle hinter der Probe aufstellt und durch die Probe hindurch in der Richtung nach der Lichtquelle zu sieht. Diese Art der Probenbeleuchtung ist bei Metallschliffen nicht möglich. Würde man Metallschliffe mit durchfallendem Licht untersuchen wollen, so müßten die Schliffe mit Rücksicht auf die geringe Lichtdurchlässigkeit der Metalle außerordentlich dünn sein und würden sich dann bei diesen geringen Dicken während des Schleifens derartig erwärmen, daß durch die Wärmewirkung eine Gefügeänderung eintreten würde.

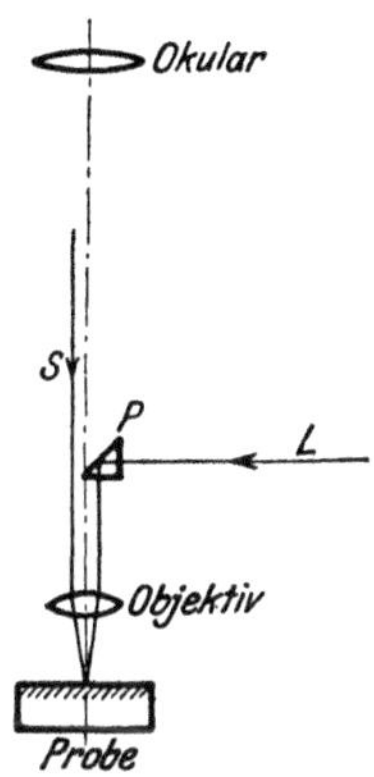

Fig. 38. Strahlengang im Metallmikroskop.

Man muß daher Metallschliffe im „auffallenden Licht" untersuchen. Die Beleuchtung mit auffallendem Licht geschieht am zweckmäßigsten durch einen kleinen Spiegel oder ein totalreflektierendes Glasprisma, einen sogenannten Vertikalilluminator, der in das Mikroskop eingebaut wird. Fig. 38 läßt die Anordnung erkennen. Das totalreflektierende Prisma P bzw. ein kleiner

Spiegel befindet sich teilweise im Strahlengange zwischen dem Okular und dem Objektiv. Der Lichtstrahl L wird von dem Prisma oder dem Spiegel durch das Objektiv hindurch auf die Probefläche geworfen und dient so zur Beleuchtung, während die Sehstrahlen S nur wenig durch das eingebaute Prisma oder den Spiegel beeinträchtigt werden.

Fig. 39. Metallmikroskop.

Ein geeignetes Metallmikroskop [1]), das für die meisten der in diesem Buche beschriebenen Untersuchungen ausreicht, ist z. B. das in Fig. 39 dargestellte Werkstattmikroskop nach Stead. Der Mikroskoptubus ist mit senkrechter Achse angeordnet. Er besitzt am unteren Ende einen kleinen rechtwinkeligen Ansatz,

[1]) Derartige Mikroskope bauen: P. F. Dujardin & Co., Düsseldorf; R. Fueß, Berlin-Steglitz; E. Leitz, Wetzlar; Carl Zeiß, Jena.

der das Vertikalilluminatorprisma oder einen Spiegel, sowie eine kleine Glühlampe enthält, die von der rechts stehenden Trockenbatterie gespeist wird.

Ein derartiges vollständig betriebsfertig ausgerüstetes Mikroskop mit Okular und Objektiv für 55fache Vergrößerung, einschließlich Beleuchtungslampe und zugehöriger Trockenbatterie, kostet etwa 110 M. Durch ein zweites Okular im Preise von 6—7 M. kann eine 90fache Vergrößerung erreicht werden, welche für die in diesem Buche beschriebenen Untersuchungen fast stets ausreichen dürfte. Ersatzglühlampen zu obigem Mikroskop kosten 1,50 M., Ersatzbatterien für die Lampe 1 M.

Falls die Schliffprobe eine unebene Unterseite hat und man die Probe nicht unmittelbar, wie es Fig. 39 zeigt, auf einer ebenen Fläche so aufliegen lassen kann, daß die Schliffläche wagerecht, also senkrecht zur optischen Achse des Mikroskops steht, so kittet man zweckmäßig die Probe mit der Rückseite auf ein Stückchen Glas, etwa ein Deckglas für mikroskopische Zwecke von 2 × 6 cm Größe. Als Kitt kann u. a. mit Vorteil Wachs-Kolophonium-Kitt oder Bildhauermodellwachs (Plastilin) benutzt werden. Ein einfaches Verfahren, die Schliffläche bei dem Aufkitten auf die Glasplatte stets unbedingt parallel zur Glasplatte und damit senkrecht zur Mikroskopachse zu erhalten, ist in der Zeitschrift „Stahl und Eisen" 1909, S. 239 beschrieben.

Bemerkt sei noch, daß mit dem Metallmikroskop naturgemäß in der gleichen Weise wie mit allen anderen Mikroskopen mikrophotographische Aufnahmen gemacht werden können. Zu diesem Zweck wird das für die Beobachtung mit dem Auge dienende Okular durch ein geeignetes Projektionsokular ersetzt, vor dem eine photographische Kamera aufgebaut wird.

Die Größenausmessung der unter dem Metallmikroskop beobachteten Objekte erfolgt in gleicher Weise wie bei den übrigen Mikroskopen mit Hilfe von Okular- oder Objektivmikrometern. Bei dem in Fig. 39 dargestellten Mikroskop kann man z. B. in einfachster Weise die Größe der Kristalle bestimmen, indem man statt der Schliffprobe einen hinreichend fein geteilten Maßstab unter dem Mikroskop betrachtet und die Größe des Gesichtsfeldes des Mikroskopes auf dem Maßstab abliest. Danach zählt man die Anzahl der Kristalle, die auf der Länge eines Durchmessers des Gesichtsfeldes liegen, und erhält so durch eine einfache Umrechnung Aufschluß über die Größe der untersuchten Kristalle.

II. Das System Eisen-Kohlenstoff.

Das, was man als „Eisen" bezeichnet, ist bekanntlich kein reines Eisen, sondern ein Gemisch von Eisen und einer großen Anzahl anderer Elemente, von denen die wichtigsten Kohlenstoff, Silizium, Mangan, Phosphor und Schwefel sind. Mit diesen Elementen bildet das Eisen sogenannte Mischkristalle. Man bezeichnet derartige Mischkristalle als feste Lösungen im Gegensatz zu den flüssigen Lösungen, wie es z. B. eine Lösung von Kochsalz in Wasser ist. Es hat sich nun gezeigt, daß auch für die festen Lösungen, soweit sie für den vorliegenden Fall in Betracht kommen, alle diejenigen Gesetze gültig sind, die für flüssige Lösungen gelten. So kann z. B. das Gesetz der Kristallausscheidung von flüssigen Lösungen unmittelbar auf die festen Lösungen übertragen werden. Alle Kristallausscheidungsvorgänge, die sich in den flüssigen Lösungen abspielen, gehen in der gleichen Weise in den hier zu betrachtenden festen Lösungen vor sich. Nur bedürfen die Vorgänge mit Rücksicht auf den festen Aggregatzustand und die damit verbundene größere innere Reibung naturgemäß einer größeren Zeitdauer.

Um die Vorgänge in den festen Lösungen besser verstehen zu können, seien zunächst an Hand von Fig. 40 die Verhältnisse in flüssigen Lösungen betrachtet. Es handelt sich um eine Lösung von Kochsalz in Wasser. Eine derartige Lösung hat bekanntlich einen niedrigeren Erstarrungspunkt als reines Wasser. Auf der Ordinatenachse sind in Fig. 40 nach unten die Temperaturen von 0^0 C bis -30^0 C aufgetragen, ferner auf der Abszissenachse der Kochsalzgehalt der Lösungen in Prozenten von 0–40%.

Es werde zur Darstellung der eintretenden Vorgänge eine Lösung mit z. B. 10% Kochsalzgehalt herausgegriffen. Bei 0^0 C ist diese Lösung flüssig. Sie bleibt zunächst auch noch flüssig, wenn man sie unter 0^0 C abkühlt, und zwar kann man sie bis auf etwa -5^0 C abkühlen, ohne daß irgendeine Veränderung auftritt. Kühlt man jedoch die Lösung unter -5^0 C ab, so scheiden sich aus der bisher flüssigen Lösung Eiskristalle aus, während der übrige Rest der Lösung als Mutterlauge flüssig bleibt. Bei weitergehender Abkühlung findet eine weitere Ausscheidung von Eiskristallen aus der zunächst noch flüssig bleibenden Mutterlauge statt. Erreicht die Abkühlung — 22° C, so tritt eine plötzliche Änderung ein. Die zu Beginn der Abkühlung einen Kochsalzgehalt von 10% enthaltende Lösung hat sich durch die Ausscheidung der Eiskristalle, also des Wassers, bei der Abkühlung bis auf — 22° C auf einen Kochsalzgehalt von 23% angereichert und erstarrt bei der Temperatur von — 22° C. Man hat es also bei — 22° C und darunter mit einem vollkommen festen Körper zu tun, der aus der erstarrten Mutterlauge von 23% Kochsalzgehalt besteht, in der die zuvor während der Abkühlung von — 5° C bis — 22° C ausgeschiedenen Eiskristalle eingelagert sind.

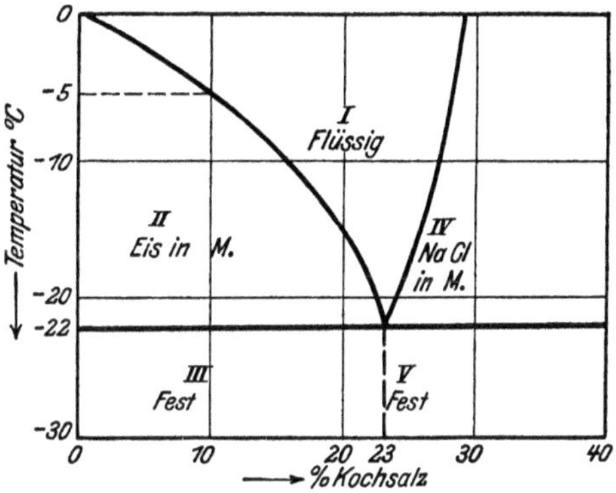

Fig. 40. Erstarrungsbild der Eis-Kochsalzlösungen.

Die Lösung hat also während der Abkühlung drei Zustände durchlaufen, die in dem Schaubild Fig. 40 durch die drei Gebiete I, II und III dargestellt sind. Im Gebiet I ist die ganze Lösung flüssig, im Gebiet II scheiden sich feste Eiskristalle aus der flüssig bleibenden Mutterlauge aus, und im Gebiet III ist die ganze Lösung zu einem festen Körper erstarrt, der aus der festen Mutterlauge mit eingelagerten Kristallen besteht.

Das soeben für eine Lösung von 10% Kochsalz als Beispiel Gesagte gilt unter Berücksichtigung der nach der entsprechenden Schaulinie in Fig. 40 zu ändernden Temperatur für alle Lösungen, deren ursprünglicher Kochsalzgehalt zwischen 0 und 23% liegt. Da die Mutterlauge sich bis zum Erstarren bei — 22° C unabhängig von dem ursprünglichen Kochsalzgehalt der Lösung stets bis auf einen Gehalt von 23% Kochsalz anreichert, so mußten naturgemäß, um diesen Kochsalzgehalt der Mutterlauge zu erreichen, um so mehr Eiskristalle vor dem Erstarren der Mutterlauge ausgeschieden werden, je wasserreicher, also je kochsalzärmer, die Lösung war.

Man wird also, wenn man den bei — 22° C erstarrten Körper aufbricht, in ihm um so mehr Eiskristalle eingelagert finden, je ärmer an Kochsalz die ursprüngliche Lösung war. Man kann daher auf diese Weise, d. h. durch Feststellung der Menge der eingelagerten Eiskristalle, einen Schluß auf den ursprünglichen Kochsalzgehalt der Lösung, also auf ihre chemische Zusammensetzung, ziehen. Diese Feststellung ist insofern wichtig, weil, wie später gezeigt werden wird, die eben geschilderten Verhältnisse in genau der gleichen Weise für die feste Lösung Eisen-Kohlenstoff gelten und so auf rein mechanischem Wege, d. h. durch die mikroskopische Untersuchung des Gefüges, einen Aufschluß über die chemische Zusammensetzung gestatten, soweit sie den Kohlenstoffgehalt betrifft.

Zuvor wurde eine Lösung mit einem Kochsalzgehalt zwischen 0 und 23% betrachtet. Es soll nunmehr auch das Verhalten von Lösungen mit mehr als 23% Kochsalzgehalt an Hand von Fig. 40 untersucht werden. Kühlt man eine Lösung mit z. B. 25% Kochsalzgehalt unter 0° C ab, so bleibt sie zunächst ebenfalls vollkommen flüssig, und zwar nach Schaubild Fig. 40 bis etwa — 17° C. Bei weiterer Abkühlung scheiden sich aus der bisher flüssigen Lösung ebenfalls Kristalle aus, aber nicht Eiskristalle, wie bei den Lösungen mit weniger als 23% Kochsalzgehalt, sondern Kochsalzkristalle. Diese Ausscheidung von Kochsalzkristallen dauert bei weiter fortgesetzter Abkühlung so lange an, bis die bisher noch flüssig gebliebene Mutterlauge durch die Ausscheidung von Kochsalzkristallen ihren Kochsalzgehalt von ursprünglich 25% auf 23% verringert hat. Dieser Kochsalzgehalt von 23% ist ebenfalls wieder bei der Temperatur von — 22° C erreicht. Bei dieser Temperatur erstarrt die bisher flüssige Mutterlauge zu einem festen Körper, in dem die zuvor ausgeschiedenen Kochsalzkristalle eingelagert sind. Es machen also auch die Lösungen mit mehr als 23% Kochsalzgehalt drei Zustände durch, die durch drei Gebiete in Fig. 40 dargestellt sind. Im Gebiet I sind die Lösungen flüssig, im Gebiet IV scheiden sich aus der flüssig bleibenden Mutterlauge feste Kochsalzkristalle aus, und im Gebiet V hat man einen festen Körper, der aus der erstarrten Mutterlauge mit eingelagerten Kochsalzkristallen besteht.

Aus dem Vorstehenden ergibt sich, daß der aus einer Kochsalzlösung bei einer Abkühlung von -22^0 C erhaltene feste Körper, der in seinem Innern eingelagerte Eiskristalle aufweist, aus einer Lösung mit weniger als 23% Kochsalz entstanden sein muß und andererseits ein Körper, der Kochsalzkristallen enthält, aus einer Lösung mit mehr als 23% Kochsalzgehalt.

Es war bereits darauf hingewiesen, daß die Menge der in der erstgenannten Gruppe von Körpern eingelagerten Eiskristalle einen Schluß auf die chemische Zusammensetzung der ursprüng lichen Lösung zuläßt. In gleicher Weise gestattet auch die Menge der in der zweiten Gruppe eingelagerten Kochsalzkristalle einen Schluß auf die ursprüngliche Zusammensetzung der Lösung. Erwähnt sei noch, daß man die Mutterlauge, die einen Kochsalzgehalt von 23% besitzt und zuletzt bei -22^0 C erstarrt, als „Eutektikum“ zu bezeichnen pflegt.

Ähnliche Vorgänge, wie sie im vorstehenden für die flüssige Lösung „Wasser-Kochsalz“ beschrieben wurden, spielen sich nun in gleicher Weise auch bei der festen Lösung „Eisen-Kohlenstoff“ ab, die man auch als „System Eisen-Kohlenstoff“ zu bezeichnen pflegt. Die Vorgänge in der festen Lösung Eisen-Kohlenstoff sind in Fig. 41 schaubildlich dargestellt. Man erkennt sofort die nahezu vollkommene Übereinstimmung des Schaulinienverlaufs in Fig. 41 mit dem Schaulinienverlauf der Wasser-Kochsalzlösung in Fig. 40, S. 41. Die Rolle des Wassers spielt das Eisen und die Rolle des Kochsalzes der Kohlenstoff. Alle Vorgänge in der Lösung Eisen-Kohlenstoff, die in Schaubild Fig. 41 dargestellt sind, vollziehen sich jedoch im festen Zustande; denn man erkennt, daß die auf der Ordinatenachse aufgetragenen Temperaturen zwischen 600 und 1000^0 C liegen, bei denen das Eisen nicht flüssig ist. Auf der Abszissenachse sind entsprechend den Kochsalzgehalten in Fig. 40 die Kohlenstoffgehalte von 0 bis 1,6% aufgetragen.

Es werde zur Untersuchung der sich abspielenden Vorgänge als Beispiel eine Eisen-Kohlenstofflösung, also ein Eisen, mit

z. B. 0,2$^0/_0$ Kohlenstoffgehalt herausgegriffen. Bei der Abkühlung aus dem flüssigen Zustand bis auf etwa 860^0 C befindet sich dieses Eisen im martensitischen Zustand, einem festen Zustand, der dem flüssigen Zustand (Gebiet I) der Wasser-Kochsalzlösung entspricht. Wird das Eisen unter 860^0 C abgekühlt, so scheiden sich aus der noch im martensitischen Zustande verbleibenden Mutterlauge reine Eisenkristalle aus. Diese entsprechen den ausgeschiedenen Eiskristallen der Wasser-Kochsalzlösung, und der martensitische Zustand der Mutterlauge entspricht dem flüssigen Zustand der Mutterlauge in der Wasser-Kochsalzlösung.

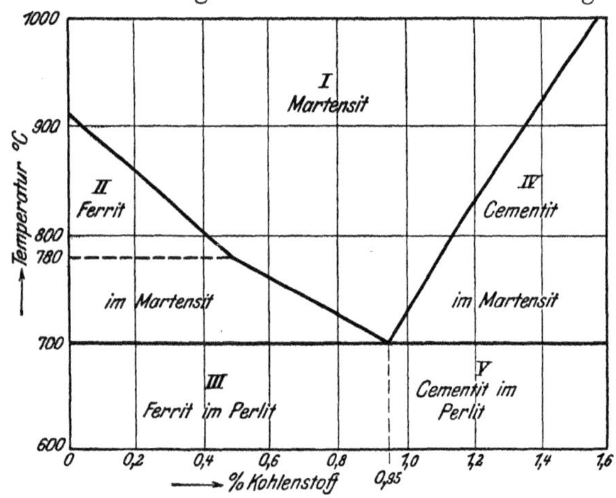

Fig. 41. Zustandsschaubild der Eisen-Kohlenstofflegierungen von 0 bis 1,6$^0/_0$ Kohlenstoffgehalt.

Die Ausscheidung der kohlenstoffreien Eisenkristalle, die man metallographisch als Ferritkristalle bezeichnet, dauert bei weiterer Abkühlung so lange an, bis durch die Ausscheidung des Ferrits, also des kohlenstoffreien Eisens, sich die Mutterlauge, die ursprünglich einen Kohlenstoffgehalt von 0,2$^0/_0$ besaß, auf einen Gehalt von etwa 0,95$^0/_0$ angereichert hat. Dieser Gehalt von 0,95$^0/_0$ der Mutterlauge entspricht dem Kochsalzgehalt von 23$^0/_0$ der Mutterlauge der Wasser-Kochsalzlösung, die bei -22^0 C erstarrt. Die Mutterlauge, die sich auf einen Gehalt von 0,95$^0/_0$ angereichert hat, bezeichnet man ebenfalls wieder als „Eutektikum". Die Anreicherung auf diesen Gehalt von 0,95$^0/_0$ Kohlenstoff ist erreicht, wenn die Abkühlung bis auf 700^0 C vorgeschritten ist. Bei dieser Temperatur geht dann die Mutterlauge aus dem festen martensitischen Zustand in den festen perlitischen Zustand über. Diesem Übergang der Mutterlauge aus dem martensitischen in den perlitischen Zustand entspricht bei der Wasser-Kochsalzlösung der Übergang der Mutterlauge aus dem flüssigen in den festen Zustand. Während also in dem angenommenen Beispiel das Gefüge bei Temperaturen zwischen 860 und 700° C Ferritkristalle aufweist, die in der martensitischen Mutterlauge liegen, zeigt es bei Temperaturen unterhalb 700° C Ferritkristalle in perlitischer Mutterlauge.

Man hat also bei Eisen-Kohlenstoff-Lösungen, dieKohlenstoffgehalte zwischen 0 und 0,95⁰/₀ besitzen, in gleicher Weise wie bei den Wasser-Kochsalzlösungen drei Gebiete, die die Lösungen bei genügend langsamer Abkühlung durchlaufen. Im Gebiet I (Fig. 41) befindet sich das Eisen im martensitischen Zustand. Man bezeichnet die bei diesen Temperaturen vorhandenen Kristalle, die Fig. 42 darstellt und denen ein feiner nadeliger Aufbau eigentümlich ist, als Martensit. Diese Bezeichnung ist nach A. Martens gewählt, dem früheren Leiter des Königl. Materialprüfungsamtes zu Berlin-Groß-Lichterfelde, der durch seine bahnbrechenden Unternehmungen die Grundlagen der Metallographie schuf. Im Gebiet II hat man Ferritkristalle, die in Martensit eingelagert sind. Dieses Gefüge zeigt Fig. 43. Innerhalb des Gebietes III, also bei Temperaturen unter 700° C, findet man Ferritkristalle und Perlitkristalle. Dieses Gefüge ist in Fig. 44 dargestellt. Die weißen Flächen sind die Ferrit-, die braunen Flächen die Perlitkristalle.

Zu den Fig. 42—44, die Eisen in den drei verschiedenen Gebieten I—III der Fig. 41 darstellen, sei noch bemerkt, daß alle drei Proben, von denen die Abbildungen der Fig. 42—44 aufgenommen wurden, von der gleichen Scheibe Rundeisen stammen. Man erkennt also sehr deutlich, wie das gleiche Stück Eisen bei den verschiedenen Temperaturen ein ganz verschiedenartiges Gefüge aufweist. Die Abbildungen der Fig. 42 und 43, die Temperaturen oberhalb von 700° C entsprechen, sind naturgemäß nicht bei jenen hohen Temperaturen photographisch aufgenommen. Die Aufnahme des bei jenen hohen Temperaturen vorhandenen Gefüges wird dadurch ermöglicht, daß man das Eisen bei jenen Temperaturen abschreckt, d. h. plötzlich sehr schnell abkühlt.

Das Eisen hat dann je nach der Abschrecktemperatur nicht genügend Zeit, aus dem martensitischen Zustand Ferrit auszuscheiden bzw. aus dem martensitischen Zustand in den perlitischen Zustand überzugehen, also die in Fig. 41 dargestellten Gefügezustände zu durchlaufen. Es bleiben daher infolge der plötzlichen Abkühlung die der jeweiligen Abschrecktemperatur entsprechenden Gefügezustände erhalten. Das martensitische Gefüge in Fig. 42 wurde also erhalten, indem das Eisen innerhalb der Temperatur des Gebietes I in Fig. 41 abgeschreckt wurde. Fig. 43 gibt das Gefüge wieder,

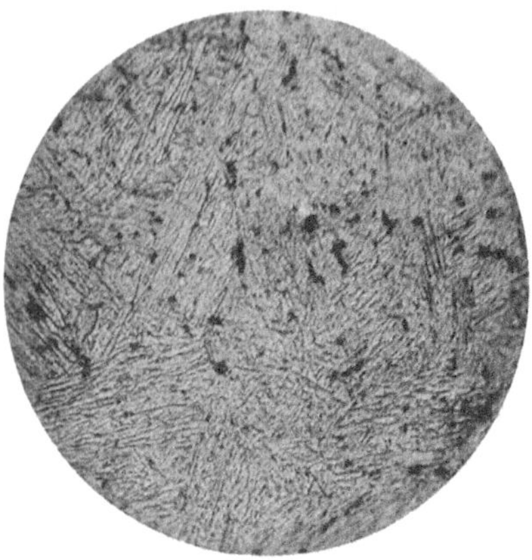

Fig. 42. Kohlenstoffarmes Eisen bei 1000° C abgeschreckt. Gefüge: Martensit. V = 350*).

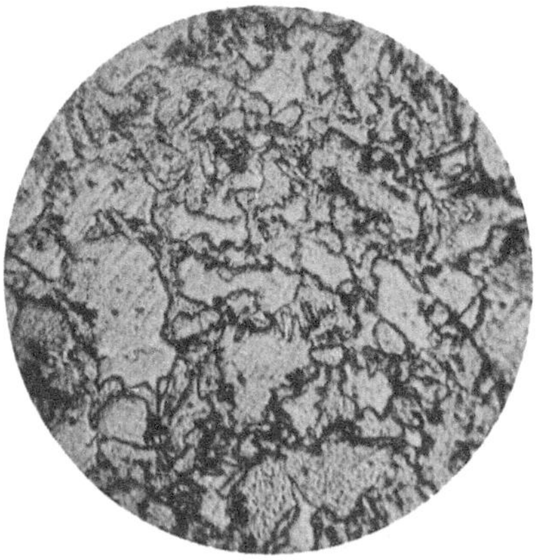

Fig. 43. Kohlenstoffarmes Eisen bei 750° C abgeschreckt. Gefüge: Ferrit und Martensit. V = 350.

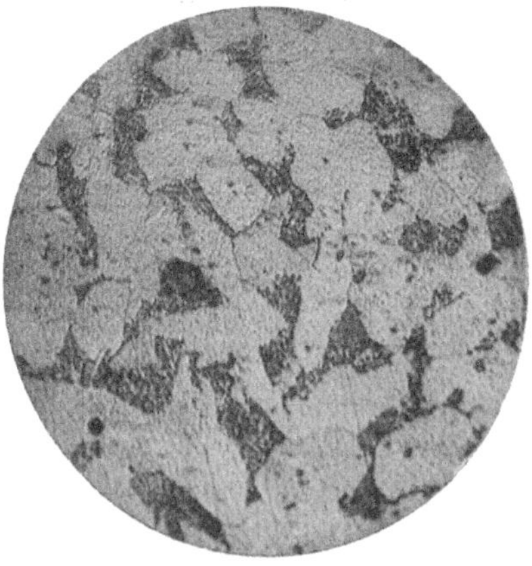

Fig. 44. Kohlenstoffarmes Eisen, langsam abgekühlt. Gefüge: Ferrit und Perlit. V = 350.

das sich zeigt, wenn man das Eisen innerhalb der Temperaturen des Gebietes II in Fig. 41 schnell abkühlt. Fig. 44

*) „V“ bedeutet die lineare Vergrößerung.

stellt das Gefüge eines Eisens dar, welches nicht oberhalb 700° C (Gebiet III in Fig. 41) abgeschreckt wurde, sondern sich von seiner höchsten erreichten Temperatur lansgam abkühlte oder, falls es überhaupt abgeschreckt wurde, nur unterhalb 700° C abgeschreckt wurde. Fig. 44 zeigt also dasjenige Gefüge, das unserem schmiedbaren Eisen im gewöhnlichen Zustand eigentümlich ist, das ja bekanntlich nach seiner Herstellung im teigigen oder flüssigen Zustand Gelegenheit zur langsamen Abkühlung gehabt hat.

Es sei nun an Hand von Fig. 41 das Verhalten von Eisen-Kohlenstoff-Lösungen mit mehr als 0,95% Kohlenstoffgehalt untersucht. Es werde als Beispiel ein Eisen mit 1,2% Kohlenstoff herausgegriffen. Bei Temperaturen innerhalb des Gebietes I befindet sich das Eisen im martensitischen Zustand. Unterhalb von etwa 840° C beginnen sich Kristalle, und zwar Eisenkarbid-Kristalle (Fe_3C), auszuscheiden, die man in der Metallographie als Zementit bezeichnet. Dieser ausgeschiedene Zementit ist in der festen Mutterlauge eingelagert, die sich im martensitischen Zustande befindet. Bei 700° C geht der martensitische Zustand der Mutterlauge in den perlitischen Zustand über. Das Gefüge besteht also unterhalb 700° C aus Zementit und Perlit. Dieses Gefüge ist demnach allen Eisensorten eigentümlich, die mehr als etwa 0,95% Kohlenstoff besitzen und Gelegenheit zur langsamen Abkühlung gehabt haben.

Besitzt das Eisen jedoch einen wesentlich höheren Kohlenstoffgehalt als 0,95% und daneben einen erheblichen Siliziumgehalt, so erscheint der gesamte im Eisen vorhandene Kohlenstoff nicht nur im Zementit und Perlit, sondern er tritt teilweise als reiner Kohlenstoff, und zwar in Form von Graphit oder Temperkohle, im Eisen auf. Ist der Kohlenstoff teilweise als reiner Kohlenstoff, und zwar als Graphit, ausgeschieden, so erhält man das dem grauen Roheisen und dem Gußeisen eigentümliche Gefüge, während in dem weißen Roheisen der gesamte im Eisen vorhandene Kohlenstoff in dem Zementit und Perlit enthalten ist. Das Gefüge des weißen Roheisens besteht also nur aus Zementit und Perlit, wie es Fig. 45 erkennen läßt. Diesem Gefüge ist die aus Fig. 45 deutlich erkennbare zeilenartige Anordnung der Kristalle eigentümlich. Die weißen Flächen in Fig. 45 bestehen aus Zementit, die braunen Flächen aus Perlit.

Dieses Gefüge entspricht also dem Gebiet V in Fig. 41, d. h. einem langsam abgekühlten Eisen mit mehr als 0,95% Kohlenstoffgehalt, bei dem keine Ausscheidung von reinem Kohlenstoff stattgefunden hat.

Es ist bereits darauf hingewiesen worden, daß der den Gebieteteilen I, II und IV in Fig. 41 entsprechende Gefügezustand zunächst nur innerhalb der durch die Schaulinien in Fig. 41 angegebenen Temperaturgrenzen vorhanden ist, oder, wie man sich auszudrücken pflegt, daß jener Gefügezustand nur innerhalb der genannten Temperaturgrenzen „stabil" ist.

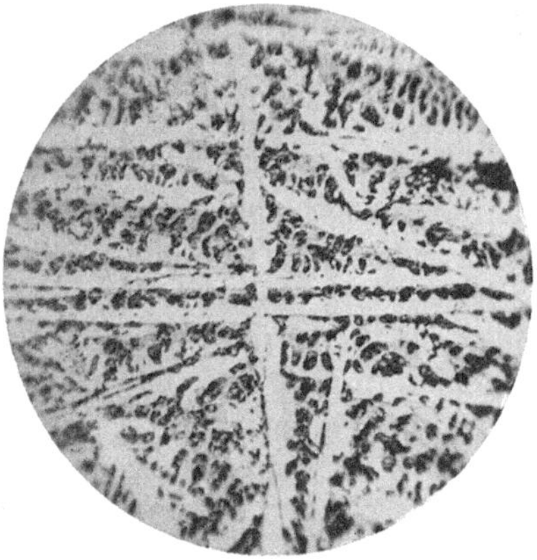

Fig. 45. Weißes Roheisen.
Gefüge: Zementit und Perlit. V = 350.

Bei einer Abkühlung unter 700° C sucht das Eisen in die durch die Gebietsteile III und V angegebenen Zustände überzugehen. Man kann nun jedoch die den Gebieten I, II und IV entsprechenden Gefügezustände auch bei niedereren Temperaturen als 700° C aufrecht erhalten, indem man das Eisen innerhalb der den Gebieten I, II und IV entsprechenden Temperaturen abschreckt. Das Eisen hat dann infolge der plötzlichen Abkühlung keine Zeit, die sonst bei langsamer Abkühlung eintretenden Umwandlungen durchzumachen, und es bleibt der den Gebieten I, II und IV entsprechende Zustand auch bei niederen Temperaturen erhalten. Allerdings ist jener künstlich geschaffene Zustand bei diesen niederen Temperaturen nicht stabil, sondern das Material sucht, wenn ihm genügend innere Beweglichkeit durch entsprechendes Erwärmen gegeben wird, möglichst in den der jeweiligen Temperatur entsprechenden Gefügezustand überzugehen, also in den Zustand, in welchem es bei der jeweiligen Temperatur stabil ist.

Die eben geschilderten Vorgänge kommen z. B. bei den gewöhnlichen Werkzeugstählen in Betracht. Das Eisen bzw. der Stahl besitzt in den den Gebieten I, II und IV (Fig. 41) entsprechenden Gefügezuständen eine wesentlich größere Härte als in dem Gefügezustand der Gebiete III und V. Diese den Gebieten I, II und IV entsprechende Härte, die man für die Schneidfähigkeit der Stähle benötigt, nutzt man aus, indem man die Stähle bei entsprechender Temperatur abschreckt und so das in den Gebieten I, II und IV vorhandene härtere Gefüge auch bei Zimmerwärme künstlich erhält. Findet nun jedoch z. B. durch eine zu hohe Beanspruchung der Werkzeugstahlschneiden eine wesentliche Erwärmung statt, so geht infolge der nunmehr verminderten inneren Reibung des Materials der bis da künstlich aufrecht erhaltene Gefügezustand der Gebiete I, II und IV in die viel weicheren und für Schneidezwecke ungeeigneten Gefügezustände der Gebiete III und V über. Der Stahl ist durch die bei der hohen Beanspruchung eingetretene Erwärmung ausgeglüht und als Schneidwerkzeug unbrauchbar geworden.

Von den gewöhnlichen Werkzeugstählen unterscheiden sich die neueren Schnelldrehstähle, die ohne Schaden für die Schneidfähigkeit eine erhebliche Erwärmung der Schneidkante vertragen können, durch folgendes:

Bei Besprechung des Verhaltens der Wasser-Kochsalz-Lösungen war bereits darauf hingewiesen worden, daß der Erstarrungspunkt des Wassers durch Zusatz von Salz vermindert werden kann. In entsprechender Weise wird bei den Schnelldrehstählen die Übergangstemperatur aus dem den Gebieten I, II und IV in Fig. 41 entsprechenden harten martensitischen Zustand in den perlitischen Zustand durch Zusatz entsprechender Elemente, wie Nickel, Chrom, Wolfram, Vanadium, herabgesetzt. Diese Übergangstemperatur beträgt bei gewöhnlichem Eisen und Stahl etwa 700° C. Durch Zusatz der genannten Elemente kann jene Übergangstemperatur von dem martensitischen in den perlitischen Zustand sehr weit unter 700° C, sogar unter Zimmerwärme herabgezogen werden. Die Schnelldrehstähle befinden sich also bereits bei niederen Temperaturen in dem diesen Temperaturen entsprechenden harten Zustand, und eine durch starke Beanspruchung eintretende Erwärmung ruft keine Änderung dieses Zustandes hervor, weil dieser Zustand auch bei niederen Temperaturen stabil ist.

Gelegentlich der Besprechung des Verhaltens der Wasser-Kochsalzlösungen war bereits darauf hingewiesen, daß aus der Menge der in der vollständig erstarrten Lösung eingelagerten Eis- bzw. Kochsalzkristalle ein Schluß auf die ursprüngliche chemische Zusammensetzung der Lösung gezogen werden kann. Das gleiche trifft auch für die langsam abgekühlten festenLösungen „Eisen-Kohlenstoff“ zu. Den Eiskristallen entsprechen die Eisenkristalle, also Ferritkristalle, und den Kochsalzkristallen die Eisenkarbidkristalle, also die Zementitkristalle.

Das vollkommen kohlenstoffreie Eisen besteht nur aus Ferritkristallen, das Gefügebild enthält also 100% Ferritkristalle. Das Eisen mit etwa 0,95% Kohlenstoffgehalt besteht nur aus Perlit, das Gefügebild enthält 100% Perlitkristalle, da ja keine Ferritkristalle ausgeschieden wurden. Zwischen den Kohlenstoffgehalten von 0% und 0,95% nimmt der Perlitanteil des Gefüges linear von 0% bis 100% zu. Man kann daher aus dem Gefügebild ohne weiteres auf den Kohlenstoffgehalt des langsam abgekühlten Eisens schließen. Es sei jedoch bemerkt, daß eine derartige Bestimmung des Kohlenstoffgehaltes nur bei Eisensorten bis zu etwa 0,5% Kohlenstoffgehalt genaue Werte ergibt.

Die eben angedeutete Kohlenstoffbestimmung des Eisens auf mikroskopischem Wege kann erfolgen, indem man z. B. das Gefügebild abzeichnet und den Flächenanteil des Ferrits und Perlits mit einem Planimeter ermittelt oder auch das abgezeichnete Gefügebild auf starke Zinnfolie überträgt, dann z. B. die Ferritkristalle ausscheidet und so durch Wägung den Ferrit- und Perlitanteil des Gefügebildes ermittelt. Noch einfacher kann bei einiger Übung die Kohlenstoffbestimmung erfolgen, indem man sich eine Reihe von Gefügebildern mit Kohlenstoffgehalten in verschiedenen Abstufungen anfertigt und das jeweils untersuchte Gefüge je nach seinem Ferrit- und Perlitgehalt in diese Bilderreihe einordnet und so den Kohlenstoffgehalt schätzt. Man gewinnt in dieser schätzungsweisen Bestimmung des Kohlenstoffgehaltes sehr bald eine außerordentliche Übung, die gegenüber der Ermittelung des Kohlenstoffgehaltes auf chemischem Wege zwei wesentliche Vorteile besitzt. Zunächst nimmt die Herstellung des Schliffes und die mikroskopische Untersuchung viel weniger Zeit in Anspruch als die chemische Untersuchung. Dann bietet die mikroskopische Untersuchung den weiteren Vorteil, daß man den Kohlenstoffgehalt an den verschiedensten Stellen der Probe feststellen kann, während die chemische Analyse immer nur einen Mittelwert ergibt. Hierzu sei bemerkt, daß der Kohlenstoffgehalt an den verschiedenen Stellen des Eisens oft recht verschieden ist, worauf noch später zurückgekommen werden wird.

Als Beispiel von Gefügebildern langsam abgekühlter Eisensorten mit verschiedenen Kohlenstoffgehalten seien die Fig. 46 bis 49 wiedergegeben. Der Kohlenstoff beträgt bei den in diesen Figuren dargestellten Gefügebildern 0,1 bzw. 0,3 bzw. 0,5 bzw. 0,7%. Man erkennt sehr deutlich, wie mit wachsendem Kohlenstoffgehalt der Perlitgehalt (dunkle Kristalle) des Gefügebildes zunimmt und die Menge der ausgeschiedenen Ferritkristalle (helle Kristalle) abnimmt. Man erkennt auch ohne weiteres, daß man an Hand der in Fig. 46—49 enthaltenen Skala bereits eine angenäherte Schätzung des Kohlenstoffgehaltes einer zu untersuchenden Probe durch einen Vergleich mit jenen Figuren wird vornehmen können.

Es sei nun noch eine kurze Beschreibung der bisher mehrfach genannten Gefügebestandteile des Eisens, die das Mikroskop erkennen läßt, gegeben.

Der Martensit ist ein sehr harter Gefügebestandteil, der verschiedenen Kohlenstoffgehalt besitzen kann. Er tritt in Form von hellen mehr oder weniger feinen oder groben Nadeln auf, wie es Fig. 42, S. 46 erkennen läßt.

Der Ferrit ist ein ebenfalls heller, jedoch im Gegensatz zu dem Martensit sehr weicher Gefügebestandteil. Bei Ätzung mit Salzsäure-Alkohol erscheinen die Ferritkristalle zunächst hell und weiß, bei länger fortgesetzter Ätzung laufen sie teilweise gelblich an. Die Ferritkristalle enthalten keinen Kohlenstoff, jedoch gegebenenfalls einige Beimengungen von anderen Elementen, soweit diese im Eisen vorhanden sind. Die hellen Flächen in Fig. 44, S. 46 und in den Fig. 46—49, S. 52 stellen Ferritkristalle dar.

Der Zementit (Eisenkarbid, Fe_3C) ist ein sehr harter, nach der Ätzung mit Salzsäure-Alkohol ebenfalls hell erscheinender Gefügebestandteil, dessen helle Kristalle infolge der großen Härte meist spiegelblank aussehen.

Der Perlit, dessen Härte zwischen der Härte des Ferrits und des Zementits liegt, erscheint nach der Ätzung mit Salzsäure-

Alkohol bei schwacher Vergrößerung in Form von dunklen Kristallen, wie sie Fig. 44, S. 46 und die Fig. 46—49 erkennen

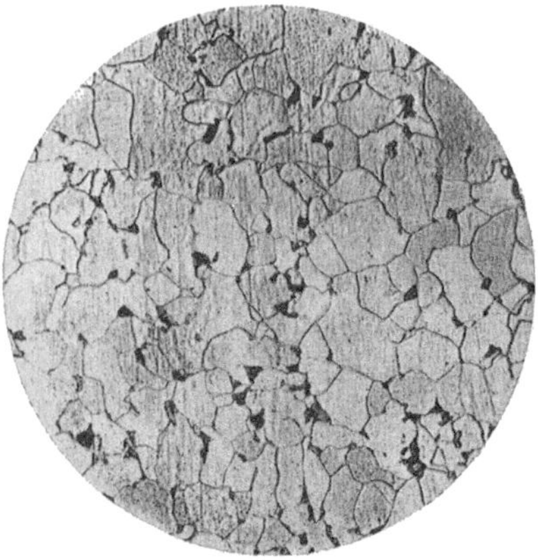

Fig. 46*. Flußeisen mit 0,1% Kohlenstoffgehalt. V = 135.

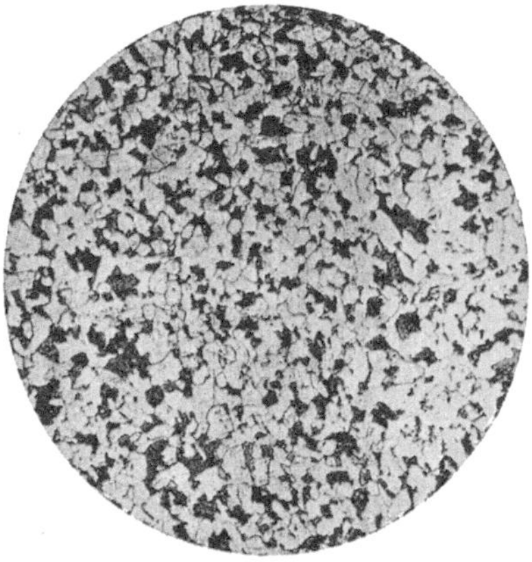

Fig. 47*. Flußeisen mit 0,3% Kohlenstoffgehalt. V = 135.

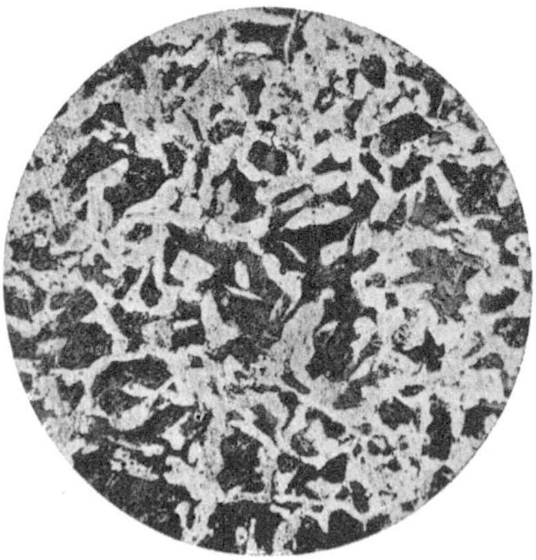

Fig. 48*. Flußeisen mit 0,5% Kohlenstoffgehalt. V = 135.

Fig. 49*. Flußeisen mit 0,7% Kohlenstoffgehalt. V = 135.

lassen. Bei stärkerer Vergrößerung lösen sich die dunklen Kristalle in meist etwas gekrümmte parallele Lamellen von Ferrit und Zementit auf, wie dieses die spätere Fig. 66 auf S. 63 zeigt.

Diese Lamellen haben etwa die Form des Verlaufs von Fingerspitzenabdrücken. Der Perlit enthält stets etwa 0,95% Kohlenstoff und kann daher in der früher angegebenen Weise zur mikroskopischen Kohlenstoffgehaltsbestimmung des kohlenstoffarmen Eisens herangezogen werden.

Auf einige weitere Gefügebestandteile des Eisens, die Übergänge zu den genannten Gefügebestandteilen darstellen, soll hier mit Rücksicht auf die für den Zweck des vorliegenden Buches gezogenen Grenzen nicht eingegangen werden, zumal auch die Heranziehung jener Übergangsstufen sich für die späteren Ausführungen nicht als erforderlich erwies.

Hingewiesen sei noch auf den Knick der die Gebietteile I und II in Fig. 41, S. 44 trennenden Schaulinie. Dieser Knickpunkt liegt bei 780° C. Unterhalb dieser Temperatur kann das Eisen in den magnetischen Zustand versetzt werden, oberhalb dieser Temperatur jedoch nicht mehr.

III. Stahlguß. Gußeisen. Hartguß.

Der Stahlguß ist ein im flüssigen Zustande in Formen gegossenes Flußeisen. Im rohgegossenen Zustand besitzt der Stahlguß eine grobe Struktur. Durch genügend langes Glühen zwischen etwa 850 und 900° C geht die grobe Gußstruktur in ein feinkörniges Gefüge über. Damit ist eine Zunahme der Zerreißfestigkeit, Dehnung und Querschnittsverminderung, also ein wesentliches Anwachsen der Zähigkeit des Stahlgusses verbunden. Insbesondere wird der Stahlguß durch das Glühen auch widerstandsfähiger gegenüber stoßweisen Beanspruchungen, was sich z. B. aus den Ergebnissen der Kerbschlagprobe erkennen läßt [1]).

Da, wie erwähnt, der Stahlguß in Formen gegossenes Flußeisen ist, so gilt für die Gefügezustände des Stahlgusses das für die Gebiete I, II und III der Fig. 41 Gesagte. Der langsam abgekühlte Stahlguß mit weniger als 0,95% Kohlenstoffgehalt wird also je nach seinem Kohlenstoffgehalt ein aus Ferrit und Perlit bestehendes Gefüge in genau der gleichen Weise aufweisen, wie es die Fig. 46—49 für Flußeisen mit verschiedenen Kohlenstoffgehalten zeigen.

---

[1]) Vgl. P. Oberhoffer, Die Bedeutung des Glühens von Stahlformguß, Stahl und Eisen 1912, Nr. 22, S. 898.

Die Fig. 50—53 stellen das Gefüge von Stahlguß mit verschiedenen Kohlenstoffgehalten von 0,07% bis 0,4% dar. Bei

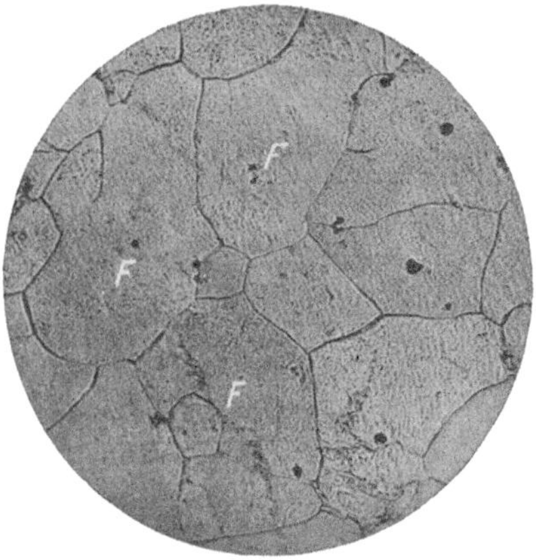

Fig. 50*. Stahlguß mit 0,07% Kohlenstoffgehalt. V = 250.

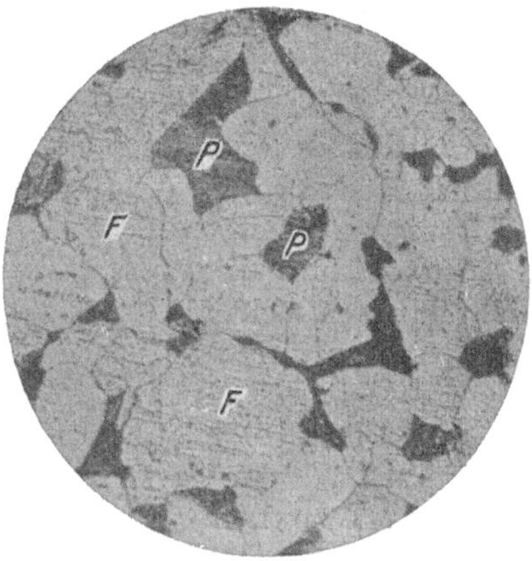

Fig. 51*. Stahlguß mit 0,2% Kohlenstoffgehalt. V = 250.

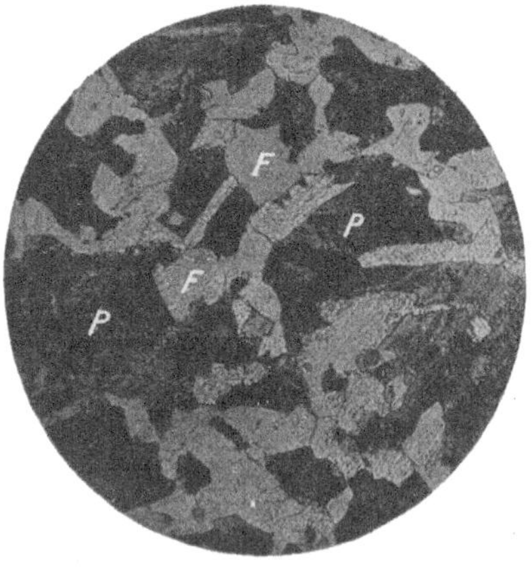

Fig. 52*. Stahlguß mit 0,3% Kohlenstoffgehalt. V = 250.

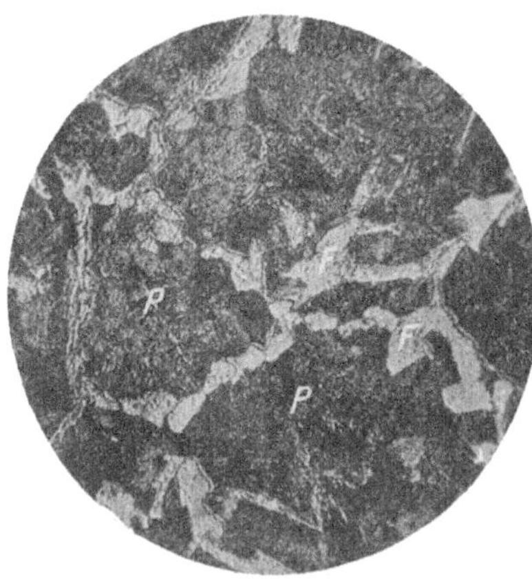

Fig. 53*. Stahlguß mit 0,4% Kohlenstoffgehalt. V = 250.

dem Stahlguß mit 0,07% Kohlenstoffgehalt sieht man fast nur Ferritkristalle F, also reines Eisen. Der Perlit ist in so geringer Menge vorhanden, daß er nicht in Form besonderer Kristalle in Erscheinung tritt, sondern in den teilweise etwas verdickten Abgrenzungslinien zwischen den einzelnen Ferritkristallen eingelagert ist. In Fig. 51, die einen Stahlguß mit 0,2% Kohlenstoffgehalt zeigt, tritt der Perlit P schon deutlich in Form besonderer Kristalle auf. In den Fig. 52 und 53, die Stahlguß mit noch höherem Kohlenstoffgehalt darstellen, hat die Menge des Perlits P gegenüber dem Ferrit F entsprechend dem Kohlenstoffgehalt des Materials weiter zugenommen.

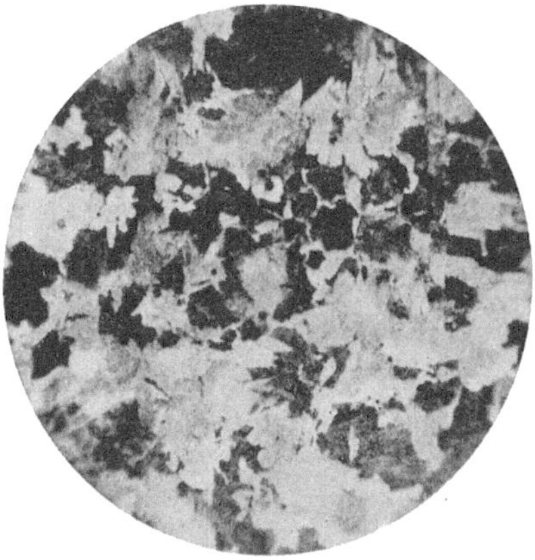

Fig. 54. Feinkörniger Stahlguß. V = 56.

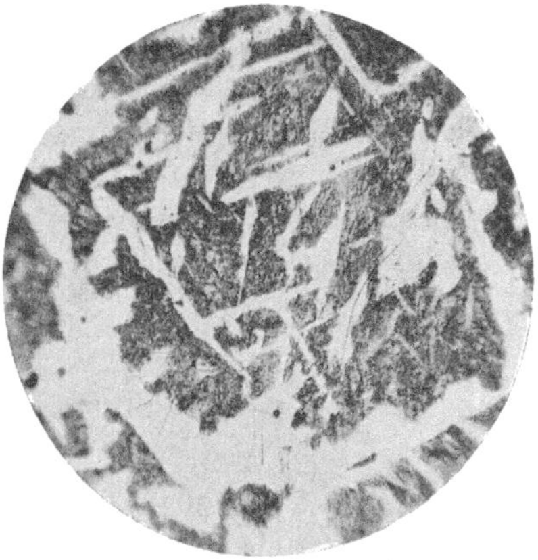

Fig. 55. Grobkörniger Stahlguß. V = 56.

Fig. 54 und 55 zeigen das Gefüge von zwei Stahlgußsorten. die eine Firma für einen bestimmten Zweck als Angebote von zwei verschiedenen, miteinander in Wettbewerb stehenden Firmen erhielt. Die das Angebot einfordernde Firma hatte die Untersuchung beider Stahlgußsorten durch Zerreißversuche beantragt. Diese Versuche ergaben folgende Werte:

Stahlgußsorte	Zerreißfestigkeit kg/qcm	Dehnung %	Querschnitts-verminderung %	Zerreißfestigkeit mal Dehnung
Feinkörnig Fig. 54	5110	19,9	26	108 000
Grobkörnig Fig. 55	5100	9,8	9	50 000

Während also die Zerreißfestigkeit beider Stahlgußsorten annähernd gleich groß war, war die Dehnung des feinkörnigen Stahlgusses nach Fig. 54 etwa doppelt so groß als die Dehnung des grobkörnigen Stahlgusses nach Fig. 55.

Das Produkt aus der Zerreißfestigkeit und der Dehnung ist eine sogenannte Güteziffer und entspricht angenähert dem Formänderungsvermögen des Materials. Je größer das Formänderungsvermögen eines Materials bis zum Eintritt des Bruches ist, um so zäher und widerstandsfähiger ist das Material, insbesondere gegenüber stoßweisen Beanspruchungen. Der feinkörnige Stahlguß ist also daher nach den oben angegebenen Festigkeitswerten gegenüber derartigen Beanspruchungen etwa doppelt so widerstandsfähig wie der grobkörnige Stahlguß. Hätte es sich nur um einen weniger eingehenden Vergleich der beiden Stahlgußsorten ohne zahlenmäßige Feststellung der Festigkeitseigenschaften gehandelt, so hätte die mikroskopische Untersuchung in einfacherer, billigerer und schnellerer Weise den grobkörnigen Stahl gegenüber dem feinkörnigen als geringwertiger erscheinen lassen.

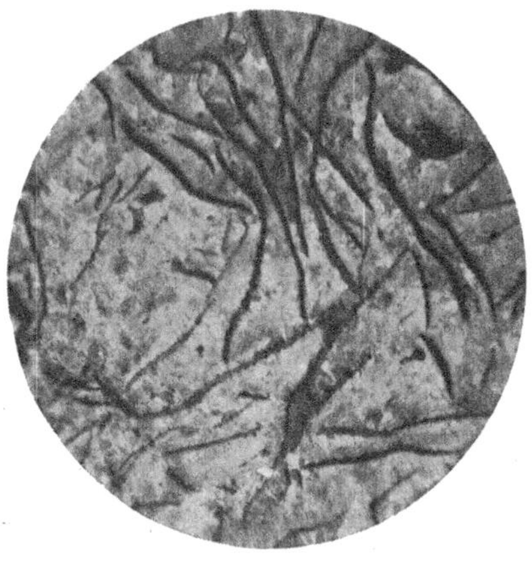

Fig. 56. Graues Gußeisen. V = 66.

Das Gefüge des **grauen Gußeisens** besteht, wie schon früher erwähnt, aus Zementit, Perlit und eingelagertem reinen Kohlenstoff in Form von Graphit. Der Graphit wird im allgemeinen in Gestalt dünner Blättchen und nur selten in nesterförmigen Anhäufungen ausgeschieden. Graphitblättchen, welche unmittelbar an der Schliffoberfläche so gelagert liegen, daß die Blättchenebene des Graphits in der Schliffebene liegt, werden bei dem Schleifen mit fortgerissen werden und so unter dem Mikroskop nicht mehr sichtbar sein. Alle an der Schliffläche liegenden Graphitblättchen, deren Ebene schräg zur Schliffläche steht,

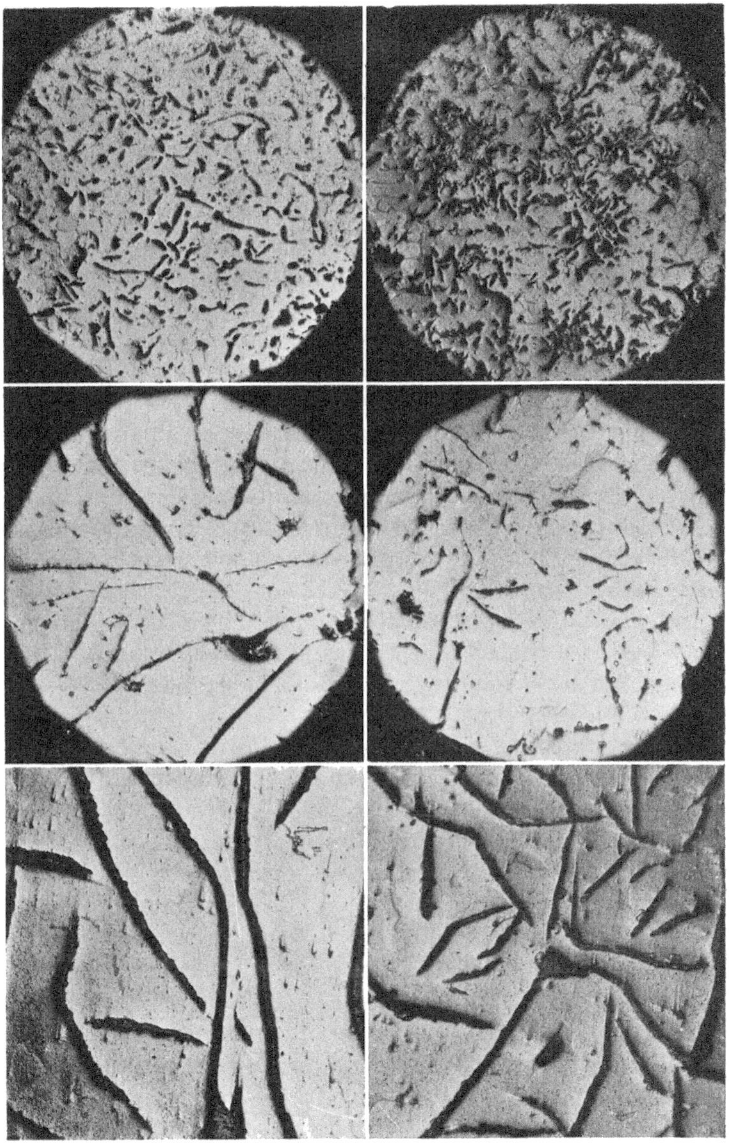

Fig. 57*. Gußeisen aus der gleichen Pfanne in verschiedener Dicke gegossen.

werden dagegen als mehr oder weniger breite, meist etwas aalförmig gewundene, dunkelgraue Linien unter dem Mikroskop erscheinen, wie es Fig. 56 sehr deutlich erkennen läßt.

Die Größe dieser Graphitblättchen kann sehr verschieden sein und hängt neben der chemischen Zusammensetzung des Eisens insbesondere von der Abkühlungsgeschwindigkeit des gegossenen Materials und daher also auch von der Wandstärke des Gußstückes ab.

Fig. 57 zeigt nach einer dem früher genannten Buche von O. Bauer und E. Deiß entnommenen Abbildung, wie die Größe der Graphitblättchen bei dem gleichen Gußeisen mit wachsender Dicke des Gußstückes, also mit abnehmender Abkühlungsgeschwindigkeit, zunimmt. Es handelt sich um drei Stäbe mit quadratischem Querschnitt, die aus dem gleichen Gußeisen gegossen wurden. Die Kantenlänge der Stäbe beträgt 12 bzw. 65 bzw. 155 mm. Die linke Bildgruppe stellt das Gefüge der Stäbe in der Stabmitte, die rechte Bildgruppe das Gefüge in der Nähe der Staboberfläche dar. Man erkennt sehr deutlich, wie außerordentlich stark die Größe der Graphitblättchen mit wachsendem Stabquerschnitt zunimmt, und man sieht auch ferner, daß bei dem gleichen Stab die Graphitblättchen in der Mitte größer sind als in der Nähe der Staboberfläche, was sich daraus erklärt, daß das Material in der Stabmitte sich langsamer abkühlt als das Material an der Staboberfläche.

Der Graphit ist ein mürber Körper. Es ist ohne weiteres klar, daß durch derartig große, im Eisen eingelagerte Graphitblättchen, wie sie z. B. Fig. 56 zeigt, der metallische Zusammenhang des Eisens in der empfindlichsten Weise unterbrochen und damit seine Festigkeitseigenschaften sehr wesentlich herabgesetzt werden, und zwar um so mehr, je größer die Graphitblättchen sind. Es werden daher Gußeisenstäbe, die aus dem gleichen Pfanneninhalt gegossen wurden, unter sonst gleichen Umständen je nach ihrer Dicke infolge der verschiedenen Größe der Graphitblättchen eine ganz verschiedene Festigkeit aufweisen. Dies läßt Fig. 58[1]) sehr anschaulich auf Grund von Biegeversuchen erkennen, die man zweckmäßig zur Ermittelung der Festigkeitseigenschaften des Gußeisens benutzt. Es handelt sich um ein Gußeisen mit einem Gesamtkohlenstoffgehalt von 3,38%, einem Siliziumgehalt

[1]) Nach E. Heyn, Stahl und Eisen 1906, S. 1299.

von 2,51 $^0/_0$ und einem Mangangehalt von 0,81 $^0/_0$. Es wurde aus demselben Pfanneninhalt eine Anzahl quadratischer Stäbe mit verschieden großen Querschnitten gegossen. Die Kantenlänge des quadratischen Querschnittes schwankte von 12 bis 130 mm. Die Biegungsfestigkeit der Stäbe von 12 mm Kantenlänge war naturgemäß am größten. Die Biegungsfestigkeit nahm nach Fig. 58 mit wachsender Kantenlänge ab und betrug bei 130 mm Kantenlänge nur noch weniger als die Hälfte der Biegungsfestigkeit der Stäbe von 12 mm Kantenlänge. Es ist daher bei der Beurteilung der Festigkeit von konstruktiven Entwürfen und Berechnungen stets die jeweilige Wandstärke der Gußstücke in Rücksicht zu ziehen.

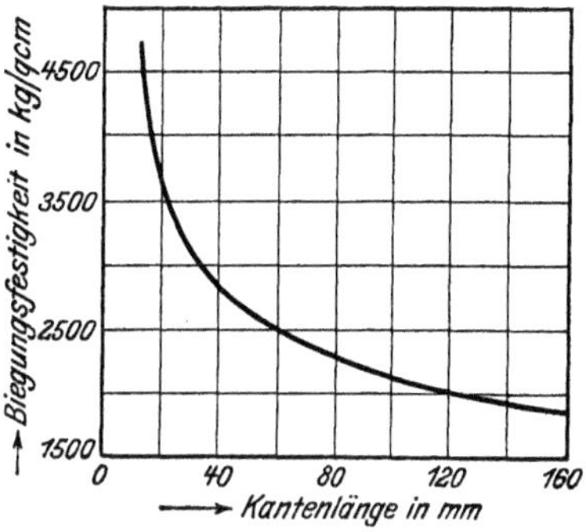

Fig. 58*. Abhängigkeit der Biegungsfestigkeit des Gußeisens von der Dicke der Gußstücke nach E. Heyn.

Der Hartguß ist ein verhältnismäßig siliziumarmes und manganreiches Gußeisen, bei dem man einzelne Stellen sehr hart und andere Stellen dagegen weich und von größerer Zähigkeit und geringerer Sprödigkeit zu haben wünscht, als man sie bei den harten Stellen mit in Kauf nehmen muß. Die Erzielung harter Stellen an dem in seinen übrigen Teilen normalen, weichen grauen Gußeisen wird durch Abschrecken jener Stellen vermittels großer, die Wärme schnell abführender Eisenmassen erreicht. Dadurch hat der Kohlenstoff nicht genügend Zeit, sich als Graphit wie in den nicht abgeschreckten Teilen auszuscheiden, und man erhält daher an den abgeschreckten Stellen das Gefüge des weißen Roheisens bzw. Gußeisens, wie es Fig. 45 auf S. 48 darstellt.

Die Fig. 59 und 60 zeigen zwei Gefügebilder, die an verschiedenen Stellen des gleichen Stückes Hartguß entnommen wurden. Fig. 59 ist das Gefüge der weichen, aus grauem Gußeisen bestehenden Stelle und Fig. 60 das Gefüge der abgeschreckten Stelle. Man erkennt in Fig. 59 die langen, sehr schmalen Graphitadern G, während das Gefüge in Fig. 60 keinen Graphit aufweist, sondern sehr deutlich die bei der Besprechung von Fig. 45 erwähnte zeilenartige Anordnung der dunklen Perlitkristalle P erkennen läßt, die sich durch die hellen Zementitkristalle Z hindurchziehen. Hingewiesen sei auch noch auf die sehr verschiedene Größe der Graphitadern in Fig. 59 und in Fig. 56, S. 56, die beide annähernd die gleiche Vergrößerung besitzen.

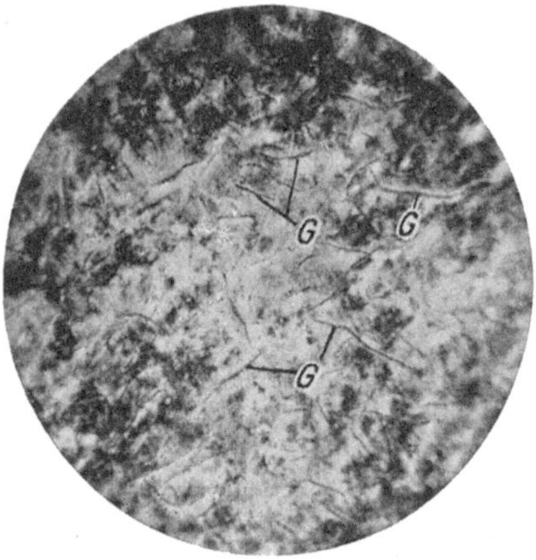

Fig. 59. Hartguß, nicht abgeschreckte Stelle. V = 52.

Fig. 60. Hartguß. abgeschreckte Stelle. V = 52.

IV. Entkohlen des Eisens (Temperguß).

Der im gegossenen Eisen enthaltene Kohlenstoff kann aus dem Eisen zum Teil entfernt werden, wenn man das Eisen bei hohen Temperaturen mit Sauerstoff in Berührung bringt. Dies geschieht, indem man die zu tempernden, d. h. zu entkohlenden Gußstücke, und zwar stets aus weißem Roheisen, in Tonkästen oder Eisenkästen zwischen sauerstoffhaltigen Eisenerzen (Roteisenstein) lagert und erhitzt. Der in den Erzen enthaltene Sauerstoff verbrennt dann zum Teil den im Eisen vorhandenen Kohlenstoff und zwar zunächst den in der Nähe der Oberfläche der Gußstücke befindlichen Kohlenstoff. Es bleibt dabei, soweit die Temperung vollkommen war, d. h. also insbesondere in der Nähe der Oberfläche der Gußstücke, reines Eisen in Form von Ferrit übrig. An denjenigen Stellen, wo die Wirkung des Sauerstoffes nur geringer war, bleibt neben dem Ferrit auch noch Perlit zurück. Im Kern des Gußstückes, wo die Wirkung des Sauerstoffes nicht mehr zur Geltung kommen konnte, sondern nur die Wirkung der Wärme, scheidet sich aus den Zementkristallen reiner Kohlenstoff in Form von Temperkohle aus, die meist in Gestalt rundlicher Nester auftritt.

Die Wirkung des Temperungsverfahrens war um so besser, je weiter sich die vollständig getemperte Zone, d. h. die nur aus Ferritkristallen bestehende Randzone, in das Innere des Gußstückes hinein erstreckt. Die aus Ferrit bestehende Randzone ist nämlich wesentlich zäher als die mit der lockeren Temperkohle durchsetzte Kernzone. Das getemperte Gußstück ist also um so weniger spröde, je dicker die vollkommen entkohlte Randzone ist[1]). Die Feststellung der Güte der Temperung, also der Dicke der voll-

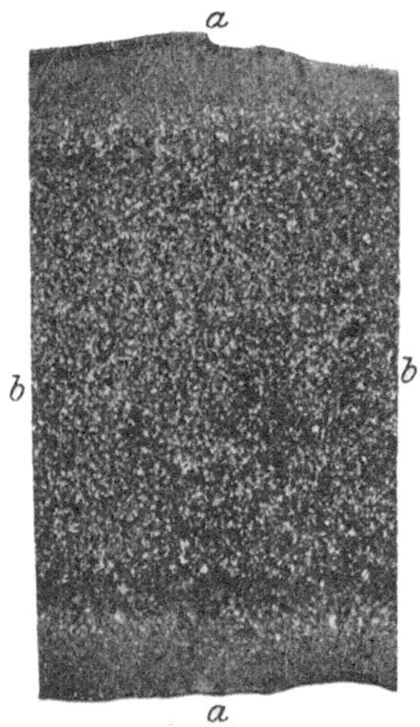

Fig. 61. Temperguß. V = 4.

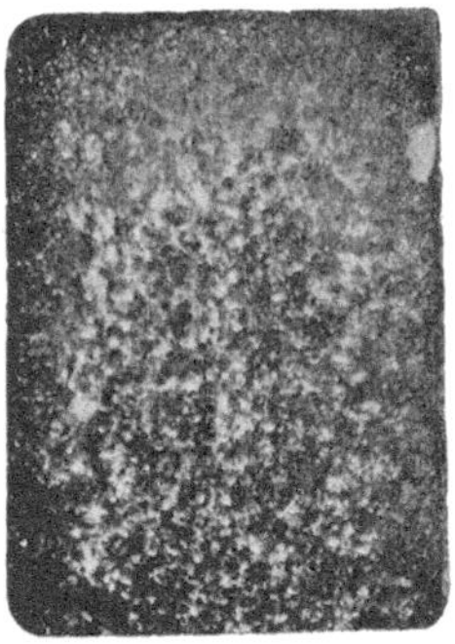
Fig. 62. Temperguß. V = 3.

Fig. 63. Flußeisen. V = 3.

kommen getemperten Randzone, ist demnach von erheblicher Wichtigkeit.

[1]) Anmerkung beim Neudruck: Dieses entspricht nicht mehr den Tatsachen, indem durch neuere Forschungen, insbesondere durch Prof. Dr. F. Wüst in Aachen nachgewiesen wurde, daß, „wenn durch das Glühen das Eisenkarbid zerlegt worden ist, es für die Festigkeit belanglos ist, ob die gebildete Temperkohle mehr oder weniger vollständig durch Oxydation entfernt wird“, s. Österr. Zeitschr. f. Berg- u. Hüttenwesen 1913, S. 178.

Die Dicke der getemperten Randzone läßt sich häufig schon, wenn auch nicht mit sehr großer Sicherheit, aus der Bruchfläche oder noch besser aus einer geschliffenen und geätzten Querschnittsfläche mit dem bloßen Auge erkennen. Fig. 61 zeigt die mit Salzsäure-Alkohol geätzte Querschnittsfläche eines Tempergußstückes, wie sie sich dem unbewaffneten Auge darstellt und bereits ohne Mikroskop einen angenäherten Schluß über die Dicke der beiden getemperten Randzonen zuläßt [1]). Fig. 62 zeigt in geringer Vergrößerung einen Vierkantstab, der ebenfalls den Grad der Temperung mit dem bloßen Auge erkennen läßt. Fig. 63 zeigt im Vergleich zu Fig. 62 einen mit Kupferammoniumchlorid geätzten Querschnitt durch einen Vierkantstab von gleicher Größe, der jedoch aus Flußeisen besteht. Man erkennt in Fig. 63 an den dunklen Streifen deutlich die dem Flußeisen eigentümliche Ausseigerung des Phosphors.

Die Fig. 64 bis 66 zeigen das eben Gesagte bei stärkerer Vergrößerung. Fig. 64 stellt das Material an der Randzone eines Tempergußstückes dar Die Linie c—c ist die Randlinie. Zwischen den Linien c—c und d—d liegt die vollständig entkohlte, nur aus den hellen Ferritkristallen bestehende Randzone. Darunter erkennt man neben den Ferritkristallen auch Perlitkristalle. Die Entkohlung ist also an den letzteren Stellen noch nicht so weit vorgeschritten wie an der Randzone. Man sieht auch zwischen den Perlitkristallen einige Temperkohlenester bei e liegen.

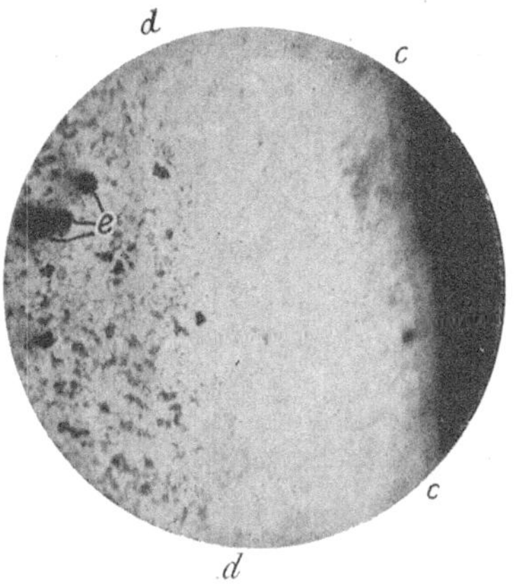

Fig. 64. Temperguß, Randzone. V = 44.

Fig. 65 zeigt in gleicher Vergrößerung wie Fig. 64 das Material desselben Tempergußstückes in der Kernzone. Man sieht, daß hier

[1]) Nur die Flächen a sind getempert, die Flächen b sind ungetemperte Schnittflächen.

der kohlenstoffhaltige Perlit in größerer Menge vorhanden ist als in den unmittelbar unter der Randzone liegenden Stellen.

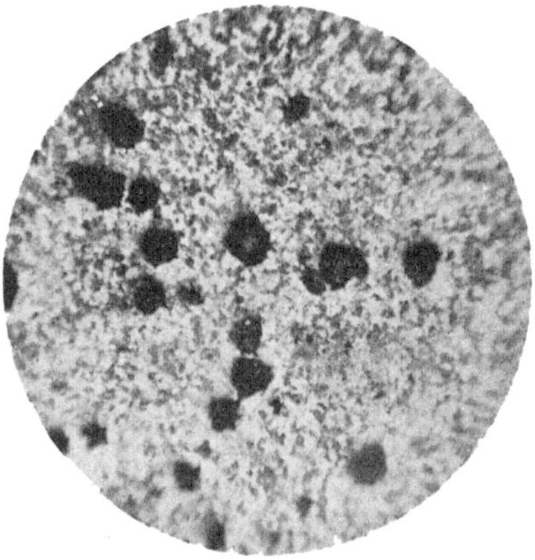

Fig. 65. Temperguß, Kernzone. V = 44.

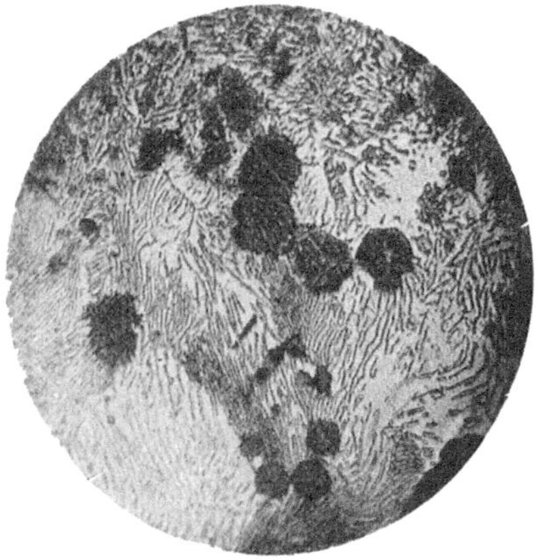

Fig. 66. Temperguß, Kernzone, die gleiche Stelle, wie Fig. 65, jedoch in stärkerer Vergrößerung. V = 102.

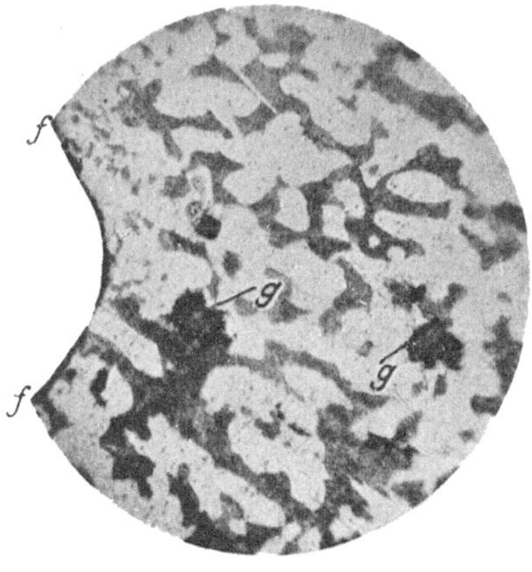

Fig. 67. Feinkörniger Tempergußfitting. V = 52.

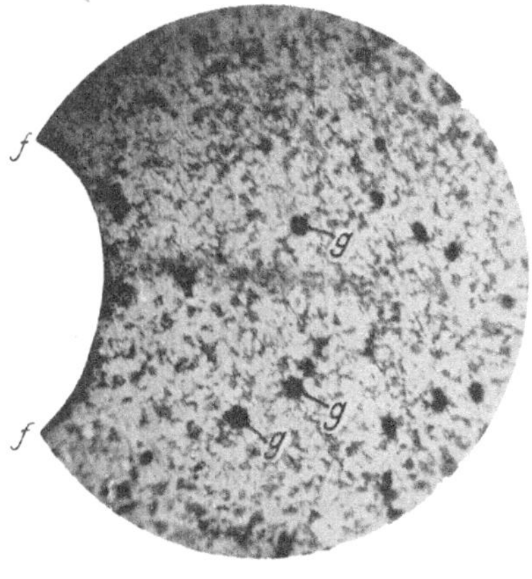

Fig. 68. Grobkörniger Tempergußfitting. V = 52.

Auch erkennt man eine größere Anzahl von Temperkohlenestern, die als große, dunkle, rundliche Flecken erscheinen. Fig. 66 stellt dieselbe Stelle wie Fig. 65 nochmals in etwas stärkerer Vergrößerung dar. Man sieht deutlich, wie bei stärkerer Vergrößerung der Perlit in die auf S. 52 beschriebenen, etwa parallel zueinander verlaufenden Lamellen aufgelöst erscheint.

Fig. 67 und 68 zeigen Querschnitte durch zwei Tempergußfittings verschiedener Herkunft, wie sie für Installationszwecke Verwendung finden. Die gebogene Strecke f—f in beiden Bildern entspricht der Spitze eines Gewindeganges. Das Gefüge der beiden Fittings ist vollkommen verschieden, nämlich in dem einen Falle sehr feinkörnig, in dem anderenFalle sehr grobkörnig. Die dunklen Kristalle in beiden Gefügebildern sind Perlit, die hellen Ferrit. Das feinkörnige Gefüge ist mit Rücksicht auf die dadurch bedingte Festigkeit des Materials natürlich dem grobkörnigen Gefüge vorzuziehen. Entsprechend der verschiedenen Korngröße des Gefüges der beiden Fittingssorten ist auch die Größe der eingelagerten Temperkohlenester g bei den beiden Stücken sehr verschieden.

Vergleicht man zum Schlusse nochmals die Fig. 50 bis 57, 61, 62 und 64 bis 68 miteinander, so erkennt man, wie deutlich unterschiedlich das Gefüge des Stahlgusses, des Gußeisens und des Tempergusses ist.

Trotzdem kommen, wie die Tätigkeit der Materialprüfungsanstalten erkennen läßt, doch gelegentlich Fälle vor, in denen die eine der drei Gußarten für die Lieferung vorgeschrieben war, aber in betrügerischer und gewinnsüchtiger Absicht eine andere minderwertigere der drei Gußarten geliefert wurde.

Bemerkt sei, daß unter der Bezeichnung „Temperstahlguß" noch ein anderes Gußmaterial in den Handel kommt. Nach den Materialvorschriften der Deutschen Kriegsmarine sollen Stücke aus Temperstahlguß auf Stahlcharakter getempert sein, d. h. es soll ihnen der Kohlenstoff nur soweit entzogen bzw. an der bereits zu weit entkohlten Oberfläche von neuem durch Zementieren wieder zugeführt sein, daß die Stücke durch und durch härtbar sind. Nach den genannten Vorschriften soll Temperstahlguß eine Zerreißfestigkeit von mindestens 35 kg/qmm und eine Dehnung von mindestens 5% aufweisen, während für Martin- und Bessemer-Stahlguß eine Zerreißfestigkeit von 40 bis 55 kg/qmm und eine Dehnung von mindestens 18% verlangt wird. Die Zerreißfestigkeit des Gußeisens beträgt dagegen etwa nur 15 kg/qmm und seine Dehnung weniger als 1%.

V. Kohlen des Eisens (Zementieren, Einsatzhärtung).

Wird kohlenstoffarmes Eisen bei höheren Temperaturen mit kohlenstoffhaltigen Gasen, Flüssigkeiten oder festen Körpern in Berührung gebracht, so nimmt es aus jenen Körpern Kohlenstoff auf. Die Kohlenstoffaufnahme ist naturgemäß in der Nähe der Oberfläche des Eisens am größten und nimmt nach dem Inneren zu allmählich ab. Durch eine genügende Kohlenstoffaufnahme erhält man aus dem weichen, nicht härtbaren Eisen einen kohlenstoffreichen, härtbaren Stahl (Zementieren, Einsatzhärtung). Dieses Verfahren der teilweisen oder völligen Verstahlung des Eisens wird sehr häufig angewandt. Man wird dabei in vielen Fällen Gewißheit darüber erhalten wollen, wie weit die Verstahlung des Eisens vor sich gegangen ist, d. h. wie dick die mit Kohlenstoff angereicherte verstahlte Schicht an der Oberfläche des betr. Eisenstückes ist, oder ob das Stück durch und durch verstahlt wurde.

Bei der Beantwortung dieser Frage kann die oft angewandte Beurteilung der Dicke der verstahlten Schicht lediglich auf Grund des Bruchaussehens des durchschlagenen Stückes leicht zu Irrtümern führen; dagegen vermag die Untersuchung einer geätzten Probe, entweder mit dem bloßen Auge oder besser noch mit Hilfe des Mikroskops, sicheren Aufschluß darüber zu geben. Fig. 69 zeigt den mit Salzsäure-Alkohol geätzten Querschnitt eines quadratischen zementierten Vierkantstabes von 16 mm Kantenlänge. Der Stab wurde mit einem der vielen zum Verstahlen angepriesenen Geheimmittel zementiert. Der Erfinder jenes Geheimmittels behauptete, daß der zuvor sehr kohlenstoffarme Stab nach 24stündigem Zementieren durch und durch verstahlt sein würde. An Hand von Fig. 69 erkennt man schon mit dem bloßen Auge, daß das Material über den ganzen Stabquerschnitt durchaus nicht

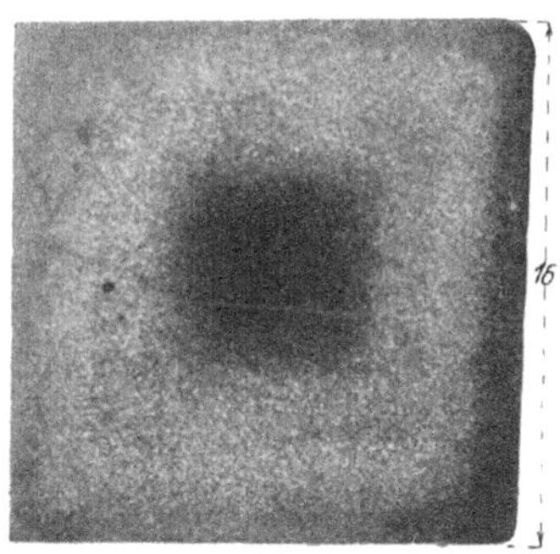

Fig. 69. Zementiertes Eisen.

gleichartig ist. Es ist vielmehr eine deutlich ausgeprägte Rand- und Kernzone vorhanden. Fig. 70 zeigt das Kleingefüge der Kernzone in starker Vergrößerung. Das Gefüge besteht aus Ferrit und Perlit. Nach dem zu den Fig. 46 bis 49 auf S. 52 Gesagten erkennt man, daß es sich um ein kohlenstoffarmes Eisen mit etwa 0,4 $^0/_0$ Kohlenstoff handelt. Das Gefüge der Randzone dagegen, welches Fig. 71 zeigt, besteht fast nur aus Perlit, ist also infolge der Kohlenstoffaufnahme wesentlich kohlenstoffreicher als das Material der Kernzone geworden.

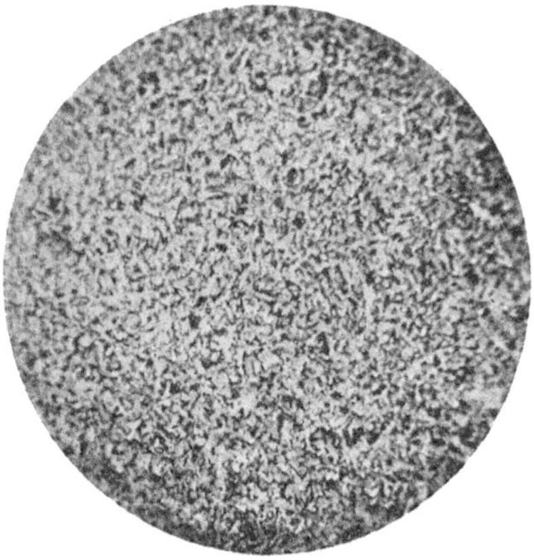

Fig. 70. Zementiertes Eisen, Kernzone. V = 68.

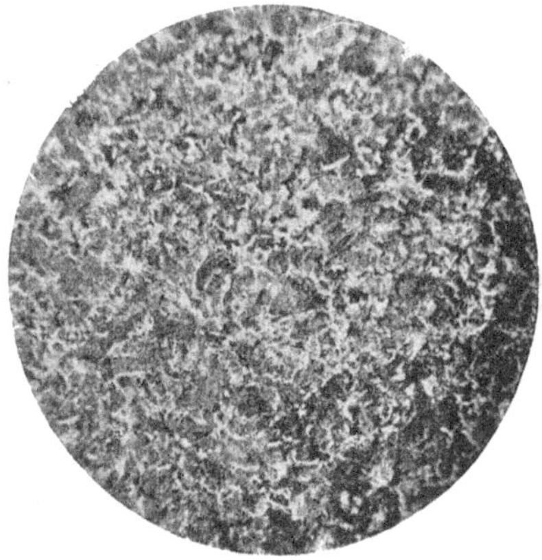

Fig. 71. Zementiertes Eisen, Randzone. V = 68.

Einen ungewollten Kohlungsvorgang zeigt Fig. 72. Es handelt sich um einen in zwei Teile zerbrochenen Strumpfhalter für einen Gasglühlichtstrumpf. Der Strumpfhalter war aus Eisendraht hergestellt, wie dies in der ersten Zeit der Gasglühlichtbeleuchtung teilweise üblich war. Er hatte ursprünglich auf seiner ganzen Länge den Durchmesser d = 3,0 mm. Während des Brennens der Flamme nahm jedoch der Eisendraht aus der Flamme so viel unverbrannten Kohlenstoff auf, daß er, wie Fig. 72 zeigt, in seinem oberen, in der Flamme liegenden Teil keulenförmig bis auf den Durchmesser von D = 4,7 mm angeschwollen war. Infolge dieser so überaus großen Kohlenstoffaufnahme war das keulenförmig angeschwollene Ende im Gegensatz zu dem sehr weichen und biegsamen unteren, nicht gekohlten Ende so spröde geworden, daß der Strumpfhalter durch einen leichten Fingerdruck durchgebrochen werden konnte.

Fig. 73 zeigt in stärkerer Vergrößerung das Gefüge des Strumpfhalters am unteren, nicht gekohlten Ende. Es besteht aus kleinen Ferrit- und aus Perlitkristallen. Die Linie a—a ist die Umfangslinie des kreisförmigen Querschnittes.

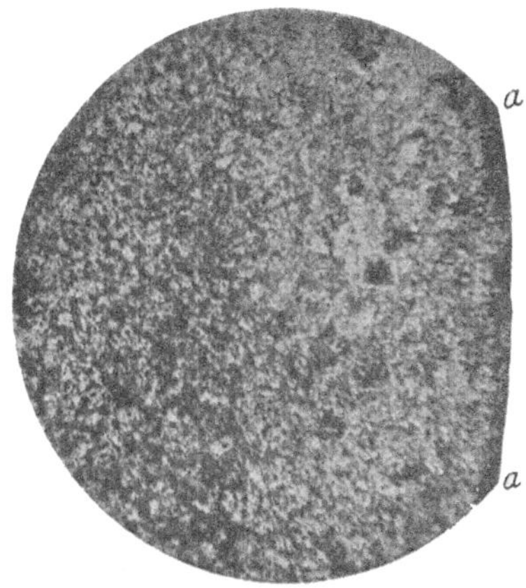

Fig. 73. Querschnitt durch das untere, nicht gekohlte Ende des Strumpfhalters. Fig. 72. V = 42.

Fig. 72. Durch Kohlenstoffaufnahme angeschwollener Glühlichtstrumpfhalter.

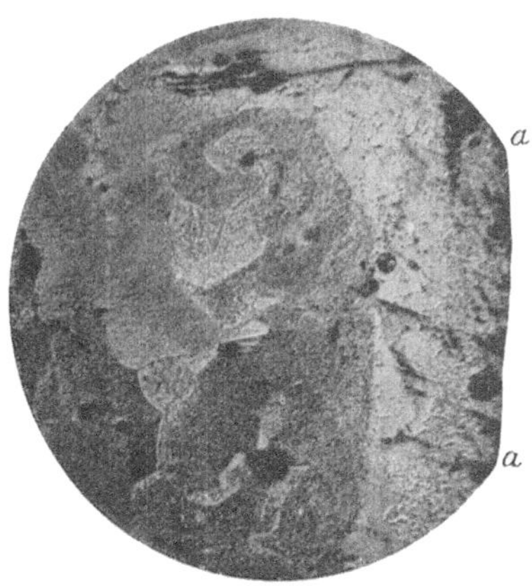

Fig. 74. Querschnitt durch das obere, gekohlte Ende des Strumpfhalters. Fig. 72. V = 42.

Fig. 74 zeigt das Gefüge des keulenförmig angeschwollenen Teiles. Die Linie a—a ist wiederum die Begrenzungslinie des kreisförmigen Querschnittes. Man erkennt, daß das Gefüge infolge der Kohlenstoffaufnahme nur aus

Perlit besteht, und daß außerdem die Kristalle gegenüber ihrer ursprünglichen Größe außerordentlich gewachsen sind, worauf in dem nächsten Abschnitt noch ausführlicher zurückgekommen werden wird.

Fig. 75 zeigt ein Kegelzahnrad eines Automobilgetriebes mit im Einsatz gehärteten Zähnen, die sich während einer kurzen Betriebszeit sehr stark abgenutzt hatten. Man erkennt die starke Abnutzung besonders deutlich an den stehen gebliebenen, nicht abgenutzten Vorsprüngen auf der verjüngten Seite der Zähne, z. B. bei b. Es sollte die Ursache des außerordentlich starken Verschleißes festgestellt werden, wobei verlangt wurde, daß das Rad durch die diesbezügliche Untersuchung in keiner Weise verletzt werden sollte, damit seine weitere Verwendung noch möglich war. Es wurde daher bei b nur ein vorspringender, nicht abgenutzter Teil des Zahnkopfes abgeschlagen und für die mikroskopische Untersuchung geschliffen und geätzt. Das Schleifen der Probe wurde bei ihrer nur sehr geringen Größe dadurch ermöglicht, daß sie in ein Stück Bronze gefaßt wurde, so daß eine bequeme Handhabung beim Schleifen möglich war. Das Kleingefüge der dem Zahnkopf entnommenen Probe zeigt Fig. 76. Die Strecke c—d

Fig. 75. Kegelzahnrad mit starker Abnutzung der Zähne.

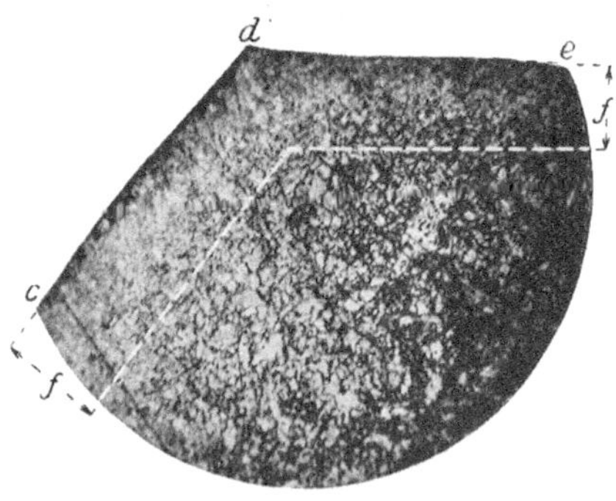

Fig. 76. Querschnitt durch einen Zahn des Rades Fig. 75. V = 55.

gehört der Zahnflanke, die Strecke d—e dem Zahnkopfe an. Bei genauer Betrachtung erkennt man eine hellere, an der Oberfläche des Zahnes verlaufende Schicht von der Dicke f. Während das Innere des Zahnes eine deutlich ausgeprägte Kristallbildung erkennen läßt, zeigt die helle Randzone kein Kristallgefüge, sondern erscheint gleichmäßig hell. Dies ist darauf zurückzuführen, daß die angewandte Ätzdauer zwar genügt hat, in der weicheren Kernzone des Zahnes das Gefüge zum Erscheinen zu bringen, jedoch nicht in der härteren zementierten Randzone. Bei längerer Dauer der Ätzwirkung würde auch in der Randzone das Gefüge hervorgetreten sein. Durch Ausmessung wurde festgestellt, daß die Dicke der zementierten, unter dem Mikroskop hell und ohne Gefügeentwicklung erscheinenden Randzone im Mittel nur 0,2 mm betrug. Diese Dicke ist so gering, daß die zementierte Oberflächenschicht sehr bald durch die Abnutzung ganz entfernt sein wird, worauf dann das darunter liegende weiche Material zutage tritt und eine ganz besonders starke Abnutzung zu erwarten ist.

VI. Wärmebehandlung des Eisens (Glühen, Überhitzen, Verbrennen, Abschrecken[1]).

Die Größe der Kristallkörner des Eisens hängt unter sonst gleichen Umständen von der Geschwindigkeit ab, mit der der Übergang aus dem flüssigen in den festen Zustand bzw. die Umwandlung aus dem Zustande des einen der in Fig. 41, S. 44 angegebenen Gebiete in den Zustand des der nächstniedrigen Temperaturstufe entsprechenden Gebietes erfolgt. Je langsamer diese Umwandlungen vor sich gehen, um so größer werden die Kristalle. Man kann also z. B. in einem Stück feinkörnigen Eisens wesentlich gröberes Gefüge erzeugen, indem man das Eisen einige Zeit bis über die letzte Umwandlungstemperatur hinaus erwärmt und dann möglichst langsam abkühlen läßt.

---

[1]) Unter teilweiser Benutzung von Martens - Heyn, Materialienkunde für den Maschinenbau, Teil II A, S. 209—212, und E. Heyn und O. Bauer, Metallographie, Sammlung Göschen, Bd. 433, S. 122—128. Vgl. auch E. Heyn, Krankheitserscheinungen in Eisen und Kupfer, Z. Ver. deutsch. Ing. 1902, Bd. 46.

Während man durch eine geeignete Wahl der Abkühlungsgeschwindigkeit während der erfolgenden Umwandlungen so-

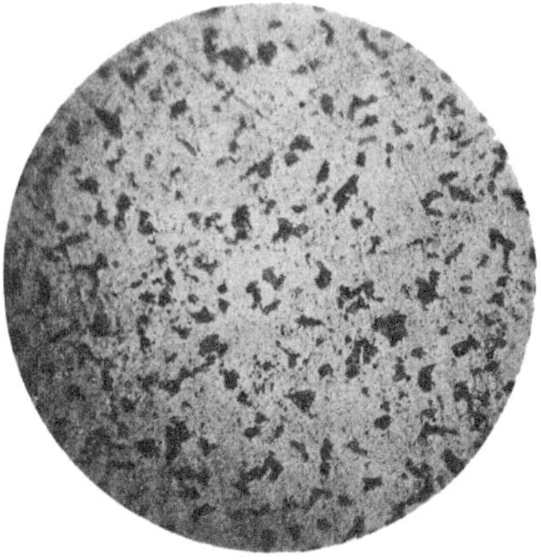

Fig. 77. Flußeisen. V = 65.

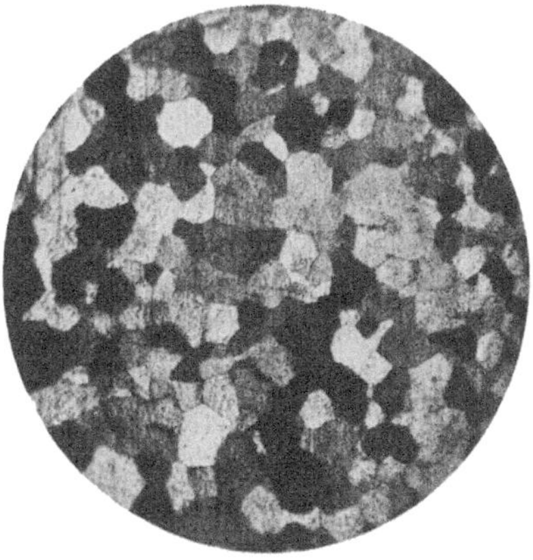

Fig. 78. Das gleiche Flußeisen wie Fig. 77 nach 36stündigem Glühen. V = 65.

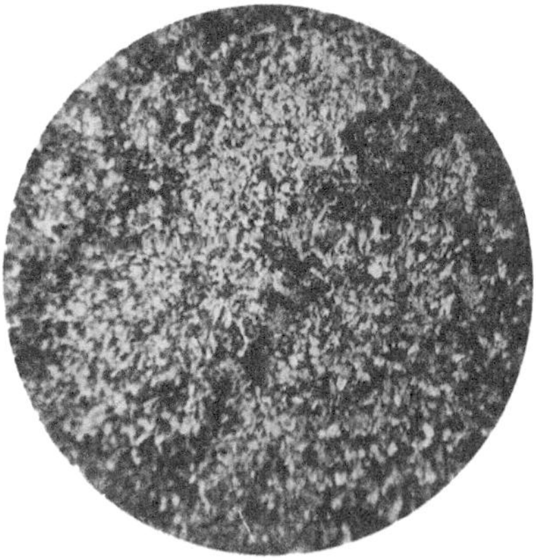

Fig. 79. Flußeisen. V = 67.

Fig. 80. Das gleiche Flußeisen wie Fig. 79 nach 36stündigem Glühen. V = 67.

wohl größere als auch kleinere Kristalle erzielen kann, bewirkt eine Erwärmung stets eine Zunahme der Kristallkörnergröße.

Dieses Wachsen der Kristallkörner erfolgt unter sonst gleichen Umständen um so schneller, auf je höhere Temperatur das Eisen erwärmt und je länger es auf dieser Temperatur erhalten wird. Fig. 77 zeigt das Gefüge eines Stückes Flußeisens. Nach 36stündigem Glühen in einem Hempelschen Glühofen hatte dasselbe Stück das in Fig. 78 dargestellte Gefüge. Fig. 79 stellt das Gefüge einer Flasche zur Aufnahme verdichteter Kohlensäure dar. Nach ebenfalls 36stündigem Erhitzen in einem Hempelschen Glühofen waren die Kristalle, wie Fig. 80 zeigt, so stark — teilweise bis zu etwa $^1/_2$ mm Größe — gewachsen, daß man die einzelnen Kristalle nach dem Ätzen schon außerordentlich deutlich mit dem bloßen Auge erkennen konnte. Da es sich bei den eben genannten Probestücken um den gleichen Erwärmungsgrad und die gleiche Erwärmungsdauer handelte, so ersieht man daraus, daß das Wachsen der Kristalle nicht allein von der Erwärmungstemperatur und der Dauer der Erwärmung, sondern auch noch von anderen Umständen, z. B. der chemischen Zusammensetzung, abhängt. Mit diesem Wachsen der Kristalle braucht, sofern die Erwärmung nicht höher als 850^0 C war, nicht notwendigerweise eine Zunahme der Sprödigkeit des Materials verbunden zu sein. Die Tatsache des Wachsens der Kristalle infolge von Erwärmungen kann zur Aufdeckung von Bruchursachen dienen. Findet man z. B. in der Nähe der Bruchstelle wesentlich größere Kristalle als an anderen von der Bruchstelle entfernten Orten, von denen man sicher weiß, daß sie keiner Erwärmung ausgesetzt worden waren, so wird man auf eine örtliche Erwärmung der Bruchstelle schließen müssen, z. B. bei Kesselexplosionen infolge von Wassermangel, bei Brüchen infolge von Warmlauf usw.

Die Fig. 81 und 82 zeigen als Beispiele zwei Bleche für elektrische Transformatoren, die bei sonst gleicher chemischer Zusammensetzung sich hinsichtlich ihrer Hysteresis- und Wirbelstromverluste sehr verschieden verhielten, indem das eine Blech sehr schnell alterte, das andere nicht. Man erkennt aus den Fig. 81 und 82 das sehr verschiedene Gefüge trotz der gleichen chemischen Zusammensetzung, das auf die verschiedene Art der Wärmebehandlung der Bleche zurückzuführen sein dürfte.

Im vorstehenden ist lediglich von einem „Erwärmen“ des Eisens gesprochen worden, wobei stillschweigend vorausgesetzt wurde, daß dieses Erwärmen nicht bis auf übermäßig hohe Temperaturen erfolgte. Erhitzt man jedoch kohlenstoffarmes Eisen genügend lange auf hohe Temperaturen, und zwar nach E. Heyn auf Temperaturen oberhalb 1000° C, so wird das Eisen spröde, man bezeichnet es als „überhitzt". Die erreichte Sprödigkeit ist um so größer, je größer die Erhitzung war, und je länger sie dauerte.

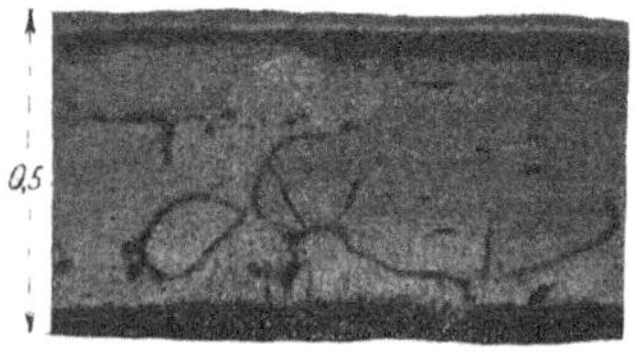

Fig. 81. Grobkörniges Transformatorenblech.

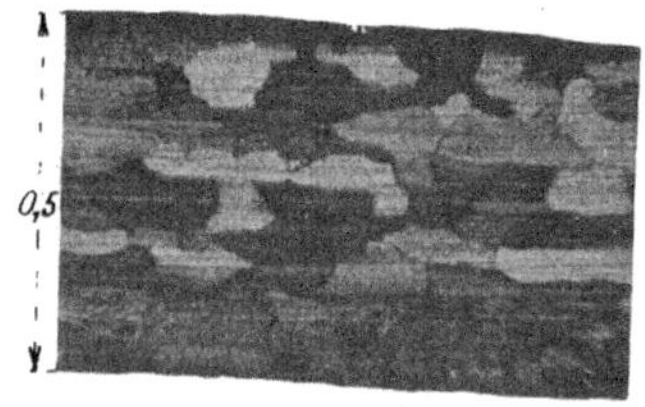

Fig. 82. Feinkörniges Transformatorenblech.

Die Bruchfläche des überhitzten Flußeisens zeigt im allgemeinen ein grobkörniges Bruchgefüge; es sei jedoch darauf hingewiesen, daß die Größe des Bruchkornes auch wesentlich durch die Art, wie der Bruch erzeugt wurde, beeinflußt wird. Es ist daher ein grobes Bruchkorn weder ein sicheres Kennzeichen für überhitztes Eisen, noch ein feines Bruchkorn ein bestimmter Beweis dafür, daß das Eisen nicht überhitzt worden ist. Das Kleingefüge des überhitzten Flußeisens weist im allgemeinen eine gegenüber dem Material im nicht überhitzten Zustande wesentlich größere Korngröße auf. Es kann jedoch auch nach dem im Eingang dieses Abschnittes Gesagten die durch die Überhitzung erfolgte Zunahme der Kristallgröße unter Umständen dann nur verhältnismäßig gering sein, wenn die Abkühlung aus dem überhitzten Zustand sehr schnell erfolgte.

Die durch die Überhitzung erzeugte Sprödigkeit des Eisens läßt sich durch die üblichen Zerreißversuche oder durch Biegeversuche mit allmählich gesteigerter Belastung nicht feststellen, dagegen sehr wohl durch Versuche mit stoßweise wirkender Belastung. Als eine einfache Probe dieser Art sei hier auf die bereits auf S. 20 beschriebene Heynsche Kerbschlagprobe hingewiesen.

Die durch Überhitzen erzeugte Sprödigkeit des Eisens kann durch Ausglühen von genügend langer Dauer und bei sachgemäß gewählten Temperaturen wieder beseitigt und das durch die Überhitzung grobkörnige Eisen wieder feinkörnig gemacht werden. Zur Beseitigung der Sprödigkeit muß nach E. Heyn bei einer Glühtemperatur von etwa 900° C die Glühdauer etwa $^1/_2$ Stunde betragen, während z. B. bei sechstägigem Glühen schon eine wesentliche Abnahme der Sprödigkeit durch Glühen bei Temperaturen zwischen 700 und 800° C erzielt werden kann.

Nach E. Heyn und O. Bauer dienen zur Feststellung der Überhitzung folgende Kennzeichen:

a) Große Sprödigkeit (z. B. durch die Heynsche Kerbschlagprobe nachweisbar),

b) eine wesentliche Abnahme der Sprödigkeit tritt durch $^1/_2$stündiges Glühen bei 850° C nicht ein, wohl aber, wenn das Eisen $^1/_2$ Stunde bei 900° C geglüht wird, oder aber, wenn das Glühen sehr lange Zeit bei Temperaturen über 700° C und unter 900° C erfolgt.

Die Kennzeichen a) und b) genügen zur Feststellung der Überhitzung. Als weitere, aber nicht allein für sich maßgebende Kennzeichen kommen meist noch hinzu:

c) grobes Bruchgefüge (bei der Beurteilung mit dem unbewaffneten Auge),

d) grobkörniges Kleingefüge (bei der Untersuchung mit dem Mikroskop).

Flußeisen, das längere Zeit auf so hohe Temperaturen erhitzt wurde, daß es bei langsamer Abkühlung von jenen Temperaturen nach dem vorstehend Gesagten spröde sein würde, weist dann keine Sprödigkeit, sondern die ihm eigentümliche Zähigkeit auf, wenn es bei jenen Temperaturen mechanisch bearbeitet, d. h. z. B. geschmiedet oder gewalzt wurde. Der Grund dafür ist darin zu suchen, daß durch die mechanische Bearbeitung das Gefüge feinkörniger wird.

Treibt man die Erwärmung des kohlenstoffarmen Eisens noch weiter, als vorstehend angegeben, etwa bis auf 1300 oder 1400° C, so tritt bei einer genügend langen Einwirkung jener Temperaturen eine Oxydation der Kristallkörner, und zwar zunächst an ihren Begrenzungsflächen auf. Durch diese Oxydation wird der metallische Zusammenhang der Kristallkörner unterbrochen, und das Eisen erleidet dadurch eine sehr wesentliche Einbuße an seiner Festigkeit sowie eine Zunahme seiner Sprödigkeit. Man bezeichnet das Eisen in diesem Zustande als „verbrannt“.

Die Sprödigkeit des verbrannten Eisens läßt sich — entgegen der Sprödigkeit des nur überhitzten Eisens — nicht mehr etwa durch Ausglühen oder durch Überschmieden beseitigen, weil die oxydierten Kristallteile nicht mehr aus dem Eisen entfernt werden können.

Bei den vorstehenden Ausführungen wurde im allgemeinen stillschweigend vorausgesetzt, daß das Eisen nach der Erwärmung Gelegenheit zu langsamer Abkühlung hatte. Erfolgt die Abkühlung nach der Erwärmung jedoch schnell, so behält das Eisen je nach der Temperatur, von der aus die Abkühlung erfolgte, denjenigen Gefügezustand bei, der jener Temperatur nach Fig. 41, S. 44, entspricht.

Diese Tatsache macht es oft möglich, die Ursachen von Brüchen und Materialfehlern aufzudecken. Als Beispiel werde die Untersuchung eines im Betriebe geplatzten Siederohres angeführt [1]). An der Bruchstelle zeigte das Material martensitisches Gefüge und an anderen, von der Bruchstelle weiter entfernten Orten das aus Ferrit und Perlit bestehende Gefüge, das dem kohlenstoffarmen Eisen eigentümlich ist, welches nach der letzten Formgebung im warmen Zustande Gelegenheit zu langsamer Abkühlung gehabt hat. Es mußte also unbedingt das Material an der Rißstelle vor dem Bruch auf eine dem Gebiet I in Fig. 41, S. 44, entsprechende Temperatur, also auf mindestens 700° C gekommen und danach infolge der Berührung mit dem Wasser schroff abgeschreckt sein. Es hatte also an der Rißstelle vor dem Eintritt des Bruches unbedingt eine starke Erhitzung des Rohres stattgefunden.

In einem anderen Falle [2]) konnte nachgewiesen werden, daß die Sprödigkeit von vernickeltem Bandstahl auf das schroffe Abschrecken bzw. ein nicht genügendes Anlassen nach dem Abschrecken zurückzuführen war. Dies ließ sich daraus folgern, daß das Kleingefüge aus Martensit bestand. Es war ursprünglich vermutet worden, daß die Sprödigkeit auf die Wirkung der für

[1]) Nach E. Heyn und O. Bauer, Untersuchung eines im Betriebe geplatzten Siederohres. Mitteilungen aus dem Kgl. Materialprüfungsamt Berlin-Groß-Lichterfelde West, 1910, S. 302.

[2]) Nach E. Heyn und O. Bauer, Sprödigkeit von Bandstahl, Mitteilungen aus dem Kgl. Materialprüfungsamt zu Berlin-Groß-Lichterfelde West, 1909, S. 136.

das Vernicklungsverfahren benutzten Säure zurückzuführen sei (sogenannte „Beizsprödigkeit"). Diese Vermutung erwies sich jedoch auf Grund des mikroskopischen Gefügebefundes nicht als haltbar, sowie ferner auch auf Grund der Feststellung der Tatsache, daß durch ein Anlassen auf 200° C noch keine wesentliche Abnahme der Sprödigkeit festgestellt werden konnte. Hierzu sei bemerkt, daß durch Anlassen auf 200° C eine wesentliche Abnahme der Sprödigkeit eintritt, falls es sich um die sogenannte Beizsprödigkeit handelt.

Schneidwerkzeuge, die sich im Betriebe als zu spröde erweisen und ein aus Martensit bestehendes Kleingefüge zeigen, geben durch dieses Gefüge zu erkennen, daß die Sprödigkeit dadurch bedingt ist, daß das Material nach dem Härten nicht oder nicht genügend angelassen worden ist. Bemerkt sei, daß die bei Werkzeugstahl angewandte Anlaßtemperatur sich nach Versuchen von E. Heyn und O. Bauer[1]) aus der Löslichkeit in verdünnter Schwefelsäure ermitteln läßt.

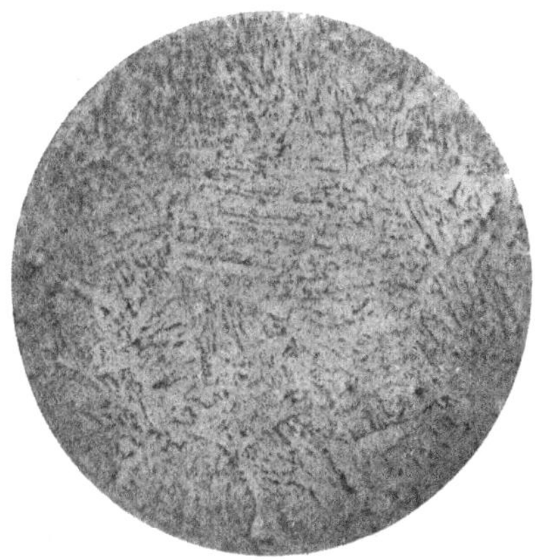

Fig. 83. Nach dem Erhitzen an der Luft abgekühltes Flußeisen. V = 52.

Erfolgt die Abschreckung des über 700° C erhitzten kohlenstoffarmen Eisens nicht sehr schroff, sondern langsamer, z. B. an der Luft oder in stark erwärmtem Dampfkesselwasser, so erhält man etwa das in Fig. 83 dargestellte Gefüge. Dieses Gefüge wurde an einer Eisenprobe aufgenommen, deren Gefüge im langsam abgekühlten Zustande Fig. 77, S. 70 zeigt. Das in Fig. 83 dargestellte Gefüge wurde erhalten, indem das Eisen in einem Schmiede-

[1]) E. Heyn und O. Bauer, Über den inneren Aufbau des gehärteten und angelassenen Werkzeugstahles. Mitteilungen aus dem Kgl. Materialprüfungsamt zu Berlin-Groß-Lichterfelde West 1906, S. 529 und Stahl und Eisen, 1906, Nr. 13.

feuer 3 Minuten lang stark erhitzt wurde und danach in der Luft abkühlte. Das Gefüge stellt etwa ein Mittelding zwischen Fig. 77 und dem reinen martensitischen Gefüge der Fig. 42, S. 46 dar. Es ist zwar der Beginn des nadeligen martensitischen Aufbaues, aber dabei immerhin noch eine gewisse Kristallabgrenzung zu erkennen, die der Martensit nicht besitzt. Dieses Gefüge ist also einem kohlenstoffarmen Eisen eigentümlich, das bei Temperaturen von mindestens 700° C zwar nicht sehr schroff abgeschreckt wurde, aber doch immerhin Gelegenheit zu ziemlich schneller Abkühlung hatte. Man erhält dieses Gefüge z. B. bei stark erhitzten Dampfkesselblechen, bei denen ein Bruch eintritt, wobei sich das Material an der Bruchstelle durch die Berührung mit dem Wasser schnell abkühlt, so wie ferner in der unmittelbaren Nähe autogen geschweißter Stellen. Durch Ausglühen ist dieser Gefügezustand, dem eine gewisse Sprödigkeit eigentümlich ist, zu beseitigen. Daher werden die autogen geschweißten Stücke nach erfolgter Schweißung ausgeglüht und langsam abgekühlt, was naturgemäß auch noch den weiteren Zweck verfolgt, die durch das Schweißen aufgetretenen Spannungen in dem geschweißten Stück zu beseitigen.

VII. Kaltbearbeitung des Eisens (Formänderung, Risse).

Die drei verschiedenen Gefügezustände der Gebiete I, II und III in Fig. 41, S. 44, die das Eisen mit weniger als 0,95% Kohlenstoffgehalt annehmen und auch bei niederen Temperaturen bis herab zur Zimmerwärme beibehalten kann, bilden sich nach Fig. 41 sämtlich bei Temperaturen oberhalb von 700° C aus. Unterhalb 700° C erfolgt keine Neubildung von Kristallen mehr. Kohlenstoffarmes Eisen, das sich von höheren Temperaturen bis auf mindestens 700° C langsam abgekühlt hat, zeigt nach dem früher Gesagten ein aus Ferrit und Perlit bestehendes Kleingefüge, etwa nach Art der Fig. 46 bis 49 S. 52. In diesen Gefügebildern ist keine irgendwie bevorzugte Richtung der Kristalle zu erkennen. Im Durchschnitt haben alle Kristalle nach allen Richtungen hin etwa gleich große Abmessungen. Wird nun ein derartiges Eisen bei Temperaturen unter 700° C, d. h. z. B. auch bei Zimmerwärme, mechanisch bearbeitet, etwa gewalzt, gezogen, gehämmert oder dergleichen, so nehmen die Kristalle eine der Kaltbearbeitung entsprechende Längung oder Streckung an. Diese Kristallstreckung bleibt dann dauernd erhalten. Je nach dem Grad der Streckung der Kristalle kann man auf eine mehr oder minder große stattgehabte Wirkung der mechanischen Bearbeitung bei Temperaturen unterhalb 700° C („Kaltbearbeitung") schließen und auch die Richtung des Bearbeitungsvorganges, z. B. des Walzens, feststellen. Findet eine sehr erhebliche Kaltbearbeitung statt, so kann auch eine Trennung der stark gestreckten Kristallkörner in zwei oder mehrere Kristallkörner von geringerer Länge stattfinden.

Fig. 84. Kaltgewalztes Flußeisen. V = 69.

Fig. 85. Kaltgewalztes Flußeisen. V = 72.

Die Fig. 84 und 85 zeigen als Beispiele das Kleingefüge von zwei Kesselblechen, die eine deutlich bevorzugte Streckungsrichtung der Kristallkörner erkennen lassen und dadurch — da kein anderer Einfluß einer Kaltbearbeitung auf der Blechoberfläche bemerkbar war — beweisen, daß die Bleche mindestens zum Teil bei Temperaturen unterhalb 700° C gewalzt worden sind. Die Richtung der Verlängerung der Kristalle läßt die Walzrichtung der Bleche erkennen.

Mit der durch die Kaltbearbeitung verursachten Kornstreckung nimmt im allgemeinen die Festigkeit des Eisens etwas zu, die Dehnung dagegen erheblich ab. Nach früher Gesagtem ist das Produkt aus der Zerreißfestigkeit und der Dehnung angenähert ein Maßstab für das Formänderungsvermögen des Materials und insbesondere ein Gütemaßstab dafür, inwieweit das Material stoßweisen Beanspruchungen gewachsen ist. Man erkennt also, daß die Kaltbearbeitung das Eisen, da die Dehnung sehr abnimmt und die Zerreißfestigkeit nur wenig zunimmt, spröder und empfindlicher gegenüber stoßweisen Beanspruchungen macht. Die Feststellung der Kornstreckung kann daher zur Aufklärung von Bruchursachen beitragen, wenn der Bruch durch Sprödigkeit infolge starker Kaltbearbeitung bedingt ist.

Durch Erwärmen bzw. Glühen des Eisens kann die Wirkung der mechanischen Kaltbearbeitung wieder beseitigt werden, d. h. die erhöhte Festigkeit wird wieder etwas geringer und die Dehnung nimmt wesentlich zu, so daß die Zähigkeit des Eisens wieder erheblich wächst. Durch das Erwärmen auf höhere Temperaturen suchen die Kristalle von neuem ihre normalen, nach keiner Richtung hin bevorzugten Formen anzunehmen. Der günstige Einfluß der Erwärmung beginnt sich nach E. Heyn und O. Bauer bei kohlenstoffarmem Eisen erst bei Erwärmungen oberhalb 400° C bemerkbar zu machen. Durch Erwärmen auf 600° C erreichen die Festigkeit und Dehnung wieder ihr normales Maß und die Kristallkörner können sich bereits wesentlich verkürzt haben, wenn auch die ursprüngliche Verlängerung immerhin noch deutlich sichtbar ist. Durch ein $^1/_2$stündiges Ausglühen oberhalb 900° C wird ein vollständiges Umkristallisieren erreicht und jede Spur der vorausgegangenen Kornstreckung verwischt.

Nachstehend seien einige Beispiele von Formänderungen unterhalb 700° C wiedergegeben. Fig. 86 stellt einen ursprünglich geraden und dann U-förmig gebogenen Flacheisenstab dar. An den vom Krümmungsmittelpunkt ausgerechnet außerhalb der neutralen Faser N—N liegenden Punkten, z. B. bei z, werden die Kristalle infolge der starken Zugbeanspruchung sich wesentlich gestreckt haben. Dies läßt Fig. 87 erkennen, in der die Kristallkörner senkrecht zu der in Fig. 86 eingezeichneten Pfeilrichtung gelängt erscheinen. Umgekehrt werden sich an allen Stellen, die zwischen der neutralen Faser N—N und dem Krümmungsmittelpunkt liegen, alle Kristalle infolge der Druckbeanspruchung flach zusammendrücken, und zwar derart, daß die Längsrichtung der

Kristalle in der Richtung des Krümmungshalbmessers liegt. Dies zeigt Fig. 88, die das Gefüge an der Stelle d in Fig. 86 darstellt.

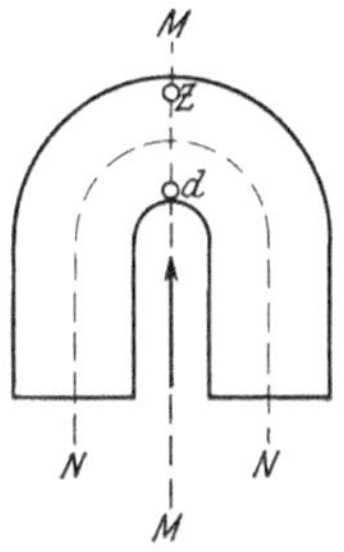

Fig. 86. Gebogener Flachstab.

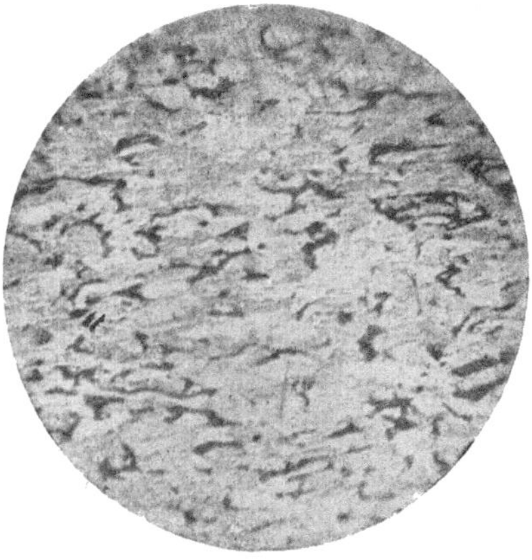

Fig. 87. Gestreckte Kristalle an der Stelle z in Fig. 86. V = 69.

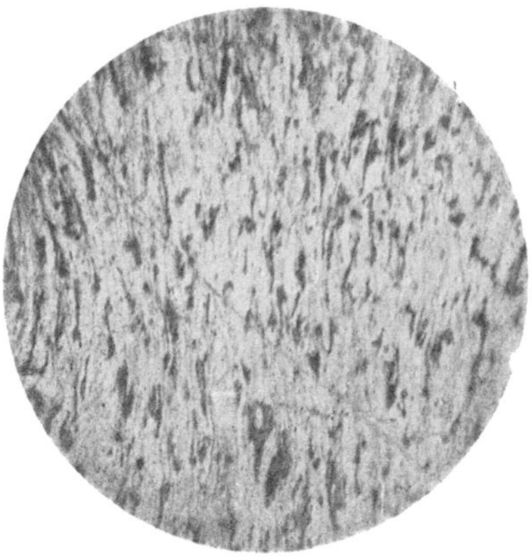

Fig. 88. Gedrückte Kristalle an der Stelle d in Fig. 86. V = 69.

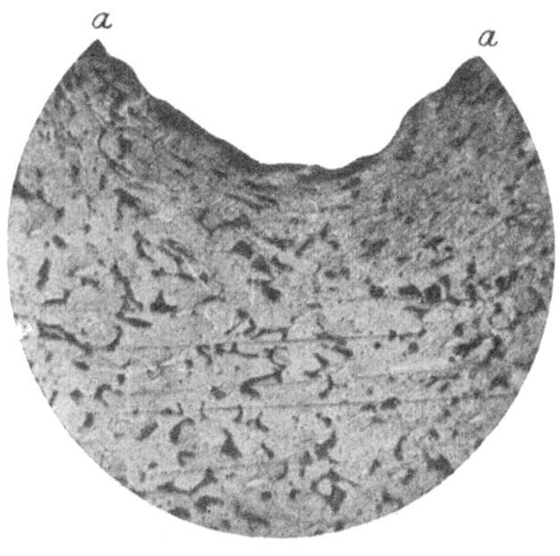

Fig. 89. Verzerrung der Kristalle unter einem Stanzstempel. V = 60.

Man erkennt wie die Kristalle an der Stelle d in der Richtung des in Fig. 86 eingezeichneten Pfeiles zusammengedrückt sind.

Fig. 89 zeigt die starke Streckung der Kristalle unter einem Stanzstempel, der zum Zeichnen des Materiales benutzt wurde.

Die Linie a—a entspricht der Oberfläche des Stanzstempels. Ganz abgesehen von der Querschnittsschwächung infolge der Stanzwirkung wird das Material durch die starke Formänderung der Kristalle an jenen Stellen auch noch sehr brüchig und spröde, so daß Anbrüche dort besonders leicht eintreten können.

Noch gefährlicher wirken in dieser Beziehung die Hiebe, die das Kesselblech durch Abklopfen des Kesselsteines erhält. Durch die Wirkung dieser Hiebe findet in noch erheblicherer Weise, als es in Fig. 89 dargestellt ist, eine weitgehende Materialquetschung

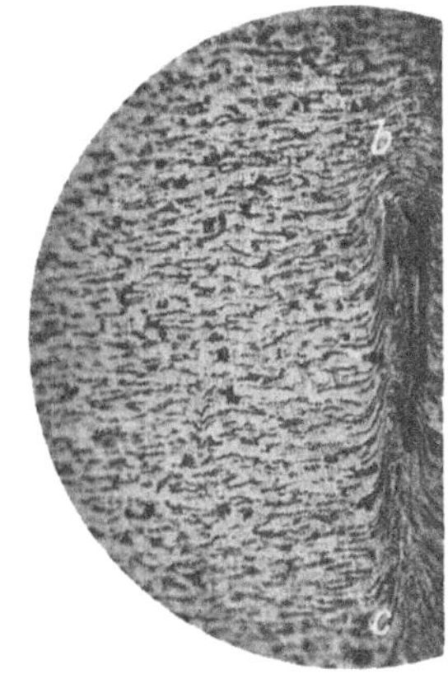

Fig. 90. Verzerrung der Kristalle durch einen Hobelspan. V = 60.

Fig. 91. Dasselbe wie Fig. 90 in stärkerer Vergrößerung. V = 350.

statt, die einer späteren Rißbildung wesentlichen Vorschub leistet. Bach[1]) untersuchte z. B. das Material eines 19 Jahre lang im Betriebe gewesenen Schweißeisenkessels. Es wies nur eine Zerreißfestigkeit von 2848—3373 kg/qcm und eine Dehnung von 4,9—8,3 $^0/_0$ auf. Danach wurde auf der Wasserseite des Bleches, also auf derjenigen Seite, die durch die Hiebe bei der Kesselsteinbeseitigung gelitten hatte und spröde geworden war, ein 2 mm dicker Span abgehobelt. Das Blech wies nunmehr eine Zerreißfestigkeit von 3200—3400 kg/qcm und eine Dehnung von 10—11 $^0/_0$ auf. Durch die Entfernung der spröden, mit Hieben versehenen Schicht hatte also sowohl die Zerreißfestigkeit als auch die Dehnung ganz wesentlich zugenommen.

[1]) Z. Ver. deutsch. Ing., 1911, S. 1296.

Die Fig. 90 und 91, von denen die letztere dieselbe Stelle, die die Fig. 90 zeigt, in stärkerer Vergrößerung darstellt, lassen erkennen, welche weitgehenden Formänderungen das kohlestoffarme Eisen unter Umständen auszuhalten vermag, ehe eine Trennung der Kristalle, also eine Rißbildung eintritt. Es handelt sich in Fig. 90 und 91 um ein Stück Flußeisen, dessen Oberfläche abgehobelt worden war. Dabei hatte sich bei b ein Hobelspan festgesetzt, der von dem Hobelstahl auf der Oberfläche entlang geschleift wurde. Hierdurch trat die in den Fig. 90 und 91 deutlich erkennbare Kristallverzerrung ein. Man erkennt ferner aus Fig. 90, daß die nicht durch den Span verzerrten Kristalle in der zu der Kante b—c des Stückes senkrechten Richtung gestreckt sind. Hieraus muß gefolgert werden, daß das Eisen bei Temperaturen unterhalb 700° C in der zu der Kante b—c senkrechten Richtung gestreckt wurde, d. h., daß wahrscheinlich das Walzen in dieser Richtung erfolgte.

Fig. 92 stellt einen Rundstab dar, der durch die Kraft P in zwei Ebenen auf Scherung beansprucht wird. Fig. 93 zeigt, wie der Schervorgang bereits eingesetzt hat und das Mittelstück des Stabes nach unten durchgedrückt ist. Dabei haben sich infolge der Scherwirkung die beiden Stabenden etwas von den äußeren Seiten ihrer Auflager abgehoben, so daß die Linie b nach oben gekrümmt erscheint. Das Kleingefüge der in Fig. 93 durch einen Kreis eingerahmten Stelle an der Einmündung der Linie b in die Scherebene a—a ist in Fig. 94 dargestellt. Die Buchstaben a und b in Fig. 93 und 94 bedeuten dieselben Linien. Man erkennt bei c in Fig. 94, wie sich in der Nähe der Scherebene alle Kristalle vollkommen lang gestreckt haben und wie diese Stelle infolge der Aufrauhung des Gefüges durch die starke Beanspruchung wenig Licht reflektiert, also dunkel erscheint. Bei d dagegen, wo das freie Stabende auf dem Auflager A aufgelegen hat, ist noch deutlich das nur wenig veränderte ursprüngliche Kristallgefüge zu erkennen.

Bei Rädern von Eisenbahnfahrzeugen, insbesondere bei Lokomotiv- und Tenderrädern können durch hohe Raddrucke, stoßweise Beanspruchung oder zu heftiges Bremsen die Kristalle an der Lauffläche der Radreifen eine derartig hohe Kaltbearbeitung erfahren, daß sie wesentliche Verzerrungen und Streckungen erleiden. Hierdurch können dann Abschälungen des stark beanspruchten Materials in unmittelbarer Nähe der Lauffläche von dem weniger oder gar nicht überanspruchten darunter liegenden Material stattfinden. Über derartige Untersuchungen haben O. Bauer und E. Wetzel[1]) berichtet. Fig. 95 zeigt nach jener

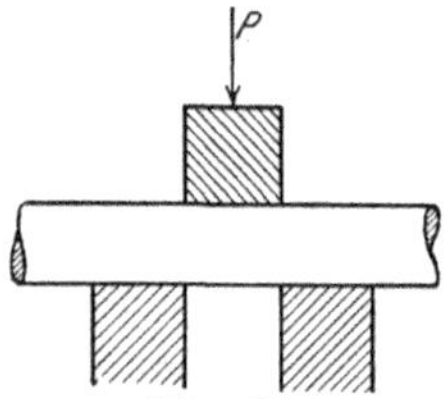

Fig. 92.

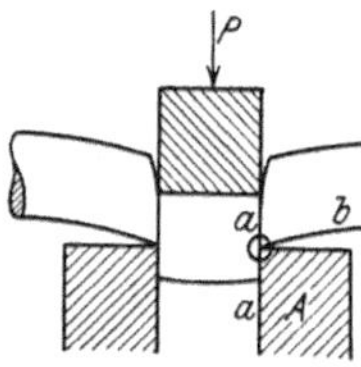

Fig. 93.

Schema des Schervorganges.

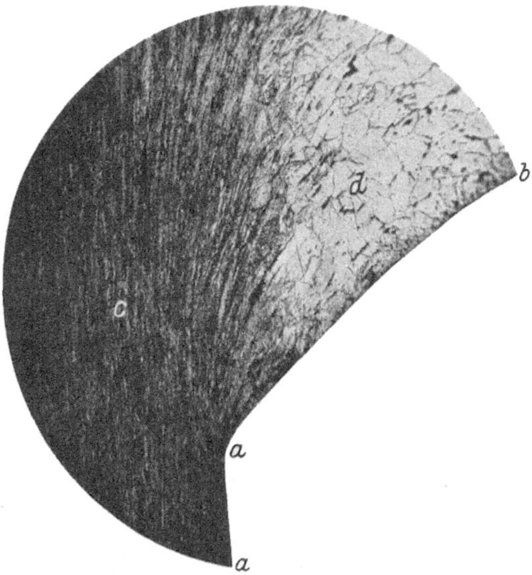

Fig. 94. Verzerrung der Kristalle durch den Schervorgang. V = 90.

Quelle das normale Gefüge eines derartigen Radreifens an einer nicht überanspruchten Stelle und Fig. 96 das Gefüge an einer durch übermäßige Beanspruchung zur Abschälung gebrachten Stelle der Lauffläche. Man erkennt in Fig. 96 deutlich die durch die hohe Beanspruchung bei niederen Temperaturen langge-

[1]) Stahl und Eisen, 1911, Nr. 6. S. 226.

streckten Kristalle. Die Abschälungen der Lauffläche waren von seiten der betreffenden Eisenbahnverwaltung ursprünglich auf

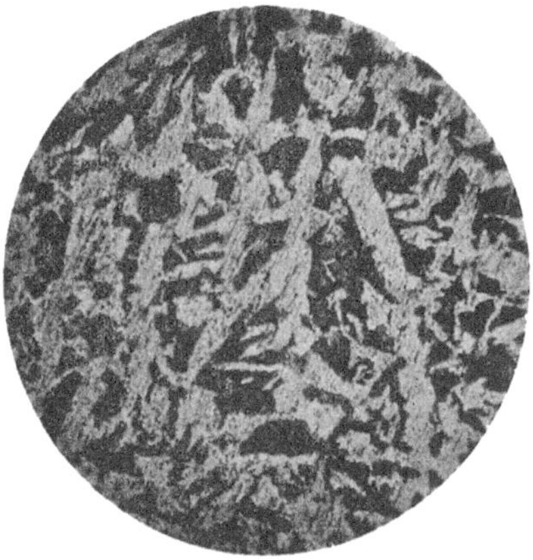

Fig. 95*. Eisenbahnradreifen, normales Gefüge. V = 94.

Fig. 96*. Eisenbahnradreifen, Verzerrung der Kristalle an der Lauffläche des Reifens. V = 94.

blasiges und ungleich hartes Material zurückgeführt worden. Hierin lag jedoch nicht die Ursache der Abschälungen. Der Grund der Abschälungen war vielmehr in einer sehr erheblichen Kaltbearbeitung (zu hohe Raddrucke, übermäßiges Bremsen, stoßweise Beanspruchung, vgl. oben) zu suchen. Dies läßt sich sowohl aus der in den Fig. 95 und 96 wiedergegebenen Art des Kleingefüges, sowie ferner daraus folgern, daß die Härte der Reifen im Anlieferungszustande an der Lauffläche größer war, als an allen anderen Stellen, daß aber diese größere Härte des Materials an der Lauffläche durch Glühen beseitigt werden konnte.

Fig. 97. Riß in Flußeisen. V = 69.

Fig. 97 zeigt einen von einem Nietloch eines Kesselbleches ausgehenden feinen Anriß. Man erkennt, daß es sich um ein sehr kohlenstoffarmes Material handelt, da das Gefüge fast nur aus Ferrit besteht. Das Blech besaß jedoch in der Nähe der Rißstelle den sehr hohen Phosphorgehalt von 0,078%, der eine erhebliche Sprödigkeit bedingt. Es hat daher in diesem Falle entgegen den soeben beschriebenen Fällen infolge der großen Sprödigkeit des Bleches bereits eine Rißbildung stattgefunden, ehe eine erhebliche Formänderung der Kristalle eintrat. Man erkennt aus Fig. 97, daß der Riß ausschließlich an den Begrenzungslinien der einzelnen Kristalle entlang verläuft.

VIII. Einschlüsse und Schlacken im Eisen.

Die Einschlüsse im Eisen sind vielfach schwefelhaltig. Der im Eisen vorhandene Schwefel ist entweder an das Eisen oder das im Eisen enthaltene Mangan gebunden, und zwar tritt der Schwefel im Eisen in Form von Schwefeleisen (Eisensulfid) oder Schwefelmangan (Mangansulfid) auf. Fig. 98 zeigt ein kohlenstoffarmes Flußeisen, in dem bei a und b Sulfideinschlüsse liegen. Derartige Einschlüsse im Flußeisen haben meist rundliche oder tropfenartige, bei kaltgewalztem Material auch längliche Form wie in Fig. 98. Sie haben eine blaßgelbliche bis blaßbläuliche Farbe und erscheinen durch die Politur infolge ihrer Härte meist spiegelnd blank. Nichtmetallische Schlackeneinschlüsse im Flußeisen haben häufig das gleiche oder ein sehr ähnliches Aussehen wie die eben genannten Eisen- oder Mangansulfideinschlüsse. Letztere lassen sich jedoch in Zweifelsfällen leicht durch das auf S. 19 beschriebene Abdruckverfahren von E. Heyn und O. Bauer von den nicht metallischen Einschlüssen unterscheiden [1]).

Alle im Flußeisen vorkommenden Einschlüsse unterscheiden sich im allgemeinen sehr wesentlich von den Einschlüssen im Schweißeisen. Die Schlackeneinschlüsse des Schweißeisens bestehen, wenigstens wenn es sich um größere Einschlüsse handelt, fast stets aus zwei verschiedenen Teilen und zwar aus einer dunklen Grundmasse, in der hellere kleine Einsprenglinge liegen. Die Fig. 99 und 100 zeigen bei c größere Schlackeneinschlüsse, die in der weiß erscheinenden Ferritgrundmasse E des umliegenden Schweiß-

[1]) Vgl. O. Bauer und E. Deiß, Probeentnahme und Analyse von Eisen und Stahl, S. 23/24.

eisens eingebettet sind. In beiden Fällen ist die dunkele Grundmasse mit den helleren Einsprenglingen deutlich zu erkennen.

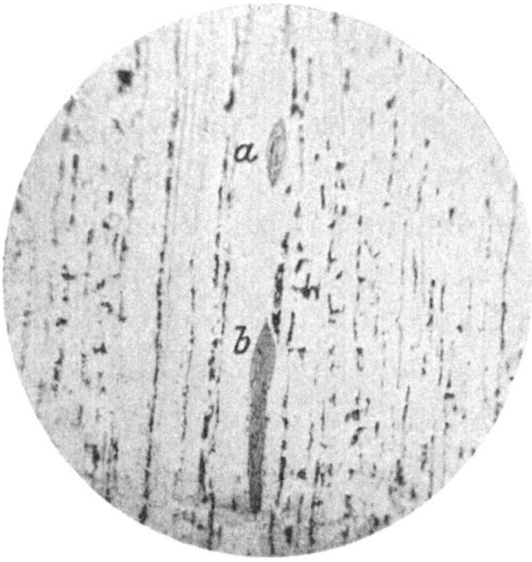

Fig. 98. Sulfideinschlüsse in kohlenstoffarmem Flußeisen. V = 68.

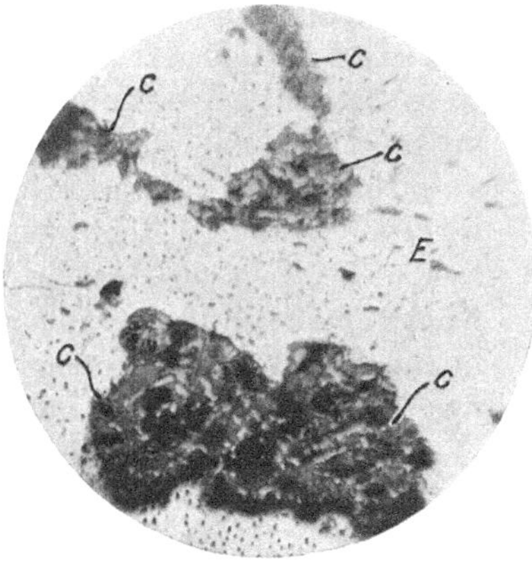

Fig. 99. Schlacke in Schweißeisen. V = 65.

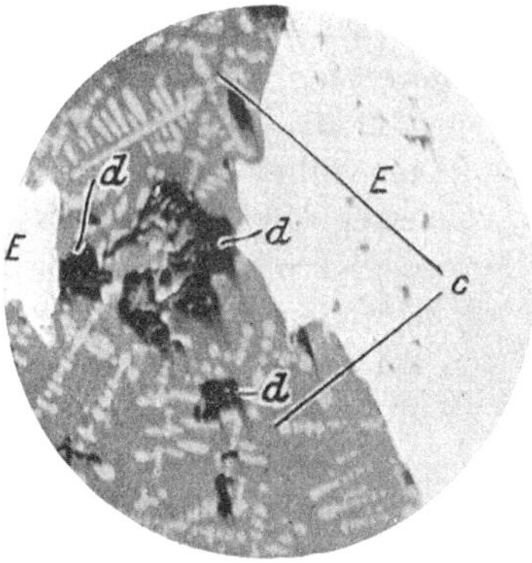

Fig. 100. Schlacke in Schweißeisen. V = 350.

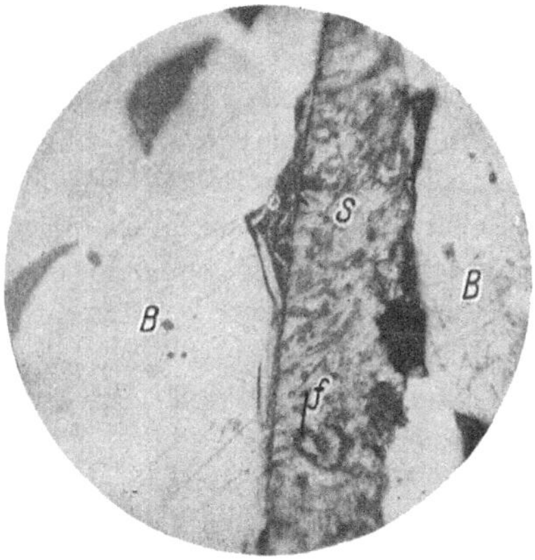

Fig. 101. In Bronze gefaßter Flußeisenspan. V = 44.

In Fig. 100 besitzen sogar die hellen Einsprenglinge eine deutliche tannennadelartige Anordnung, was bei größeren Schlackeneinschlüssen öfters vorkommt. Bemerkt sei noch, daß die tiefdunklen Stellen bei d in Fig. 100 nicht den Schlacken angehören, sondern

Löcher sind, aus denen die sehr spröde Schlacke bei dem Schleifen herausgerissen wurde.

Alle vorgenannten Einschlüsse sind insofern für das Eisen gefährlich, als sie im allgemeinen viel spröder sind als das Eisen und so die Festigkeit des Eisens, wenn sie in größeren Mengen auftreten, wesentlich herabsetzen können. Dazu kommt, daß derartige Einschlüsse hinsichtlich der Spannungsverteilung in dem sonst homogenen Material in derselben Weise wie Hohlräume wirken. Derartige Hohlräume verursachen, daß die Spannung sich nicht mehr gleichmäßig über den ganzen Querschnitt des Konstruktionsgliedes verteilt, sondern an den Rändern der Hohlräume etwa 2—3 mal größer ist, als die mittlere Spannung, die sich bei gleichmäßiger Spannungsverteilung ergeben würde. Die so entstehenden örtlichen Spannungserhöhungen sind insbesondere bei stoßweisen und dauernd wechselnden und wiederholten Belastungen (vgl. Abschnitt C I) sehr gefährlich. Es ist daher ein Eisen mit zahlreichen bzw. großen Schlackeneinschlüssen als minderwertig anzusehen.

Infolge des sehr verschiedenartigen Aussehens der Einschlüsse im Fluß- und Schweißeisen ist es möglich, die Frage, ob Flußeisen oder Schweißeisen vorliegt, außer durch die früher beschriebene makroskopische Prüfung auch dann zu entscheiden, wenn nur sehr winzige Materialproben, z. B. nur Späne, für die Untersuchung vorliegen. Als Beispiel dafür sei Fig. 101 angeführt. Es handelt sich um ein Stück Aluminiumblech, in dessen Oberfläche zahlreiche kleine Eisensplitter eingewalzt waren. Es sollte festgestellt werden, ob diese Splitter aus Hartguß bestanden, also von der Hartgußwalze herrührten, oder ob es sich um Späne aus schmiedbarem Eisen handelte, die etwa aus Willkür zwischen die Walzen geworfen waren.

Für die Untersuchung wurden die feinen, nur wenige Zehntel Millimeter langen Späne S (Fig. 101) in einem Stück Bronze B gefaßt. Die Späne zeigten nach der Ätzung mit Salzsäure-Alkohol das aus Fig. 101 erkennbare, aus Ferrit und Perlit bestehende Gefüge. Es handelte sich also um ein kohlenstoffarmes, schmiedbares Eisen. Die einzelnen Kristalle zeigten eine ziemlich starke Verzerrung, die darauf hindeutete, daß es sich um Späne handelte, die bei der Spanabnahme wesentliche Formänderungen durchgemacht hatten. Ferner war bei f ein einfarbiger Einschluß zu erkennen, der nach dem Vorstehenden den Span als einen Flußeisenspan erkennen ließ.

Die Fig. 102 bis 104 zeigen verschiedene Stellen einer Straßenbahnschienenschweißung, die unter Zuhilfenahme von Thermit erfolgte. An der Stoßfuge wurde um die beiden Schienenenden ein etwa 30 cm langer Umguß hergestellt, der den Schienensteg und den Schienenfuß der beiden Schienenenden laschenartig umfaßte. Der Umguß bestand aus verhältnismäßig kohlenstoffarmem Eisen, die Schiene selbst aus wesentlich kohlenstoffreicherem Material.

g

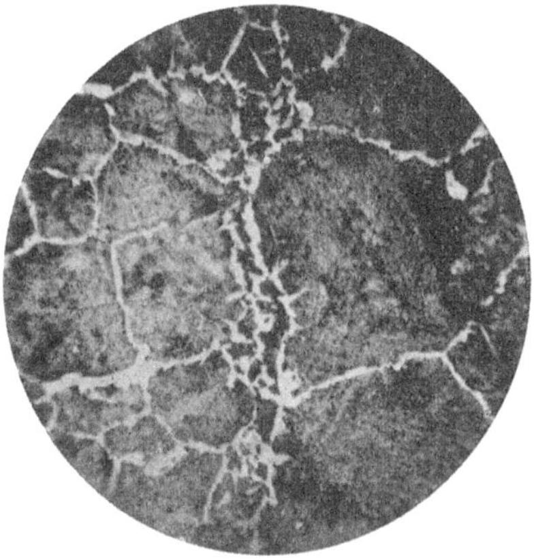

g

Fig. 102. Schweißfuge in einer mit Thermit geschweißten Straßenbahnschiene ohne Schlackeneinschlüsse. V = 58.

h

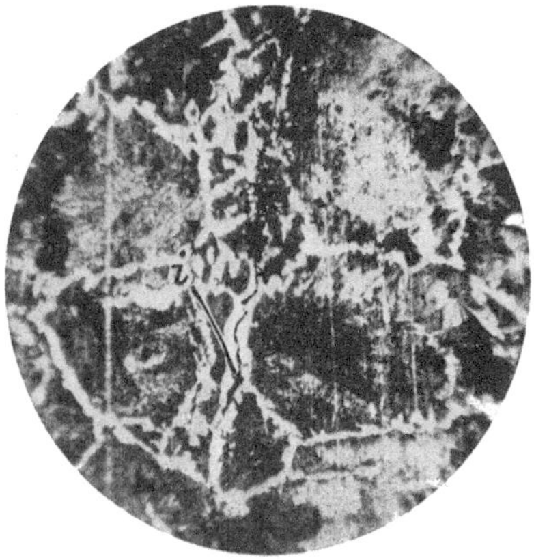

h

Fig. 103. Schweißfuge in einer mit Thermit geschweißten Straßenbahnschiene mit Schlackeneinschlüssen. V = 58.

Es sollte festgestellt werden, ob die Verschweißung der beiden Schienenenden untereinander innerhalb der Stoßfuge, sowie auch die Verschweißung des Umgusses mit dem Fuß und Steg der Schienenenden vollkommen und rein metallisch war oder nicht. Fig. 102 zeigt in der Linie g—g ein Stück der Stoßfuge. Rechts und links von g—g liegen die beiden Schienenenden. Man erkennt, daß das Gefüge entsprechend dem hohen Kohlenstoffgehalt der Schienen fast nur aus großen Perlitkristallen besteht, zwischen denen der nur in geringer Menge vorhandene Ferrit in Form eines weißen, großmaschigen Netzes liegt. Man sieht auch, daß der Übergang zwischen den beiden Schienenenden rein metallischer Natur ist. Trotzdem aber hat die durch das Thermitverfahren erzeugte Wärme nicht genügt, um eine derartig vollkommene neue Gefügebildung an der Übergangsstelle hervorzubringen, daß die Trennfuge vollständig verwischt wäre. In der Linie g—g stoßen nämlich die ursprünglich vorhandenen Kristallformen der beiden Schienenstücke stumpf aufeinander, und der metallische Übergang ist durch verhältnismäßig kleine neue Kristalle bedingt, die durch ihre Form und Lage noch deutlich die ursprüngliche Lage der Trennungslinie der beiden Schienenstücke erkennen lassen.

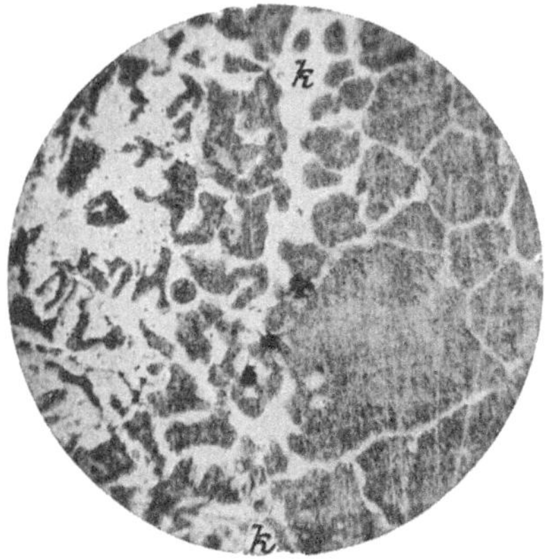

Fig. 104. Schweißfuge in einer mit Thermit geschweißten Straßenbahnschiene ohne Schlackeneinschlüsse. V = 58.

Fig. 103 zeigt eine andere Stelle derselben Stoßfuge. Die ursprüngliche Trennungslinie ist in Fig. 103 mit h—h bezeichnet. Man erkennt im Gegensatz zu Fig. 102 in der Linie h—h bei i einen langen Schlackenfaden eingelagert. Es ist also an dieser Stelle kein rein metallischer Übergang zwischen den Schienenenden vorhanden und die Schweißung daher nicht vollkommen.

Fig. 104 zeigt ferner eine Übergangsstelle von dem einen Schienenende zu dem Umguß. Rechts von der Übergangslinie k—k erkennt man die kohlenstoffreiche Schiene, die fast nur aus großen Perlitkristallen besteht (vgl. Fig. 102), und links davon das Material des wesentlich kohlenstoffärmeren Umgusses, dessen Kleingefüge also beträchtlich mehr Ferrit aufweist als das Kleingefüge der Schiene. Der Übergang zwischen dem Umguß und der Schiene ist, wie Fig. 104 erkennen läßt, rein metallisch und vollkommen schlackenfrei. Es hat jedoch nicht ein vollkommenes Verschmelzen zwischen dem Umguß und der Schiene stattgefunden; denn in diesem Falle würde das Gefüge des Umgusses ganz allmählich in das Gefüge der Schiene übergehen, während, wie Fig. 104 erkennen läßt, dieser Übergang immerhin noch etwas unvermittelt und deutlich erkennbar ist.

C. Anhang.

I. Der Einfluß dauernd wechselnder Beanspruchung auf Eisen.

Viele eiserne Konstruktionsteile werden nicht durch sogenannte ruhende Belastungen beansprucht, deren Größe stets gleich groß bleibt, sondern durch Belastungen, deren Größe dauernd und dabei innerhalb sehr kurzer Zeiträume sehr häufig wechselt. In vielen Fällen schwankt die Belastung sogar zwischen einer größten Zugbeanspruchung durch die vollkommene Entlastung hindurch bis zu einer größten Druckbeanspruchung, um dann wieder abzunehmen und das Spiel von neuem zu beginnen. Als Beispiele von Konstruktionsteilen, die derartig dauernd wechselnde Spannungen auszuhalten haben, sei hier nur auf Wellen, Fahrzeugachsen, Kolbenstangen, Kurbelstangen und Kurbelzapfen hingewiesen.

Die dauernde Aufnahme von stets wechselnden Spannungen stellt hohe Anforderungen an die Güte des Materials, wenn das Material derartige Spannungen ohne Schaden zu nehmen aushalten soll. Zwei Ursachen können den gefährlichen Einfluß der dauernden Spannungswechsel noch wesentlich erhöhen. Zunächst sind nämlich diese Spannungswechsel um so bedenklicher, je stoßweiser sie vor sich gehen, und ferner unterstützen scharfe, unvermittelte und nicht durch genügende Hohlkehlen ausgerundete Querschnittsübergänge ganz besonders die Wirkung derartiger Spannungswechsel. Die schädliche Wirkung der stoßweisen Belastung hat darin ihren Grund, daß den einzelnen Querschnitten des Konstruktionsgliedes nicht genügend Zeit gelassen wird, die zu übertragende Spannung so weit als möglich gleichmäßig über den ganzen Querschnitt zu verteilen. Es werden daher die am meisten beanspruchten Teile des Querschnittes eine verhältnismäßig größere Spannung aufzunehmen haben als bei ruhender Belastung, welch letztere einen möglichst weitgehenden Spannungsausgleich gestattet.

Die besonders schädliche Wirkung der scharfen und unvermittelten Querschnittsübergänge erklärt sich dadurch, daß an derartigen Übergängen die Spannungen in Wirklichkeit wesentlich größer sind, als man nach den üblichen Rechnungsverfahren annimmt, und daß ferner auch hier infolge der schnell aufeinanderfolgenden Spannungswechsel in gleicher Weise wie bei der stoßweisen Beanspruchung dem Material keine Zeit zu einem sonst möglichen Spannungsausgleich über die einzelnen Teile der verschiedenen Querschnitte verbleibt.

Wie groß die Spannungen an scharfen Querschnittsübergängen sind, lassen Versuche des Verfassers [1]) erkennen. Bei diesen Versuchen wurden die Schenkel von Flacheisenwinkeln nach Fig. 105 durch die Kraft P auseinandergezogen. Bei A besaßen die einzelnen Winkel entweder eine vollkommen scharfe Ecke oder Hohlkehlen von verschiedenen Krümmungshalbmessern. Die Messungen ergaben, daß die größte Zugspannung in dem Punkte A dann etwa neunmal größer war, als sich nach dem üblichen Rechnungsverfahren erwarten ließ, wenn bei A eine vollkommen scharfe Ecke vorhanden war. Bei Winkeln mit Hohlkehlen von etwa den üblichen Verhältnissen entsprechenden Krümmungshalbmessern war die größte Zugspannung im Punkt A nur etwa $2^1/_2$ mal größer, als auf Grund der theoretischen Rechnungen zu erwarten war.

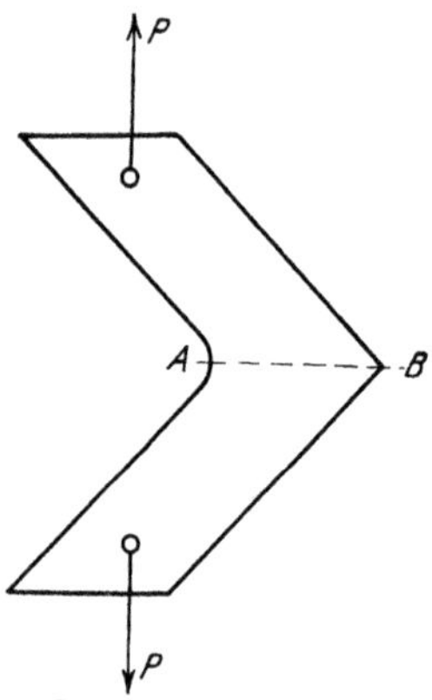

Fig. 105. Auf Zug beanspruchter Flacheisenwinkel.

Es hatte also durch die Anordnung der Hohlkehlen eine wesentliche Spannungsverminderung stattgefunden. Immerhin war aber die größte Spannung in dem am meisten gefährdeten Punkt A noch erheblich größer als die rechnungsmäßig zu erwartende Spannung.

Die besondere Gefahr der unvermittelten oder nur wenig vermittelten Querschnittsübergänge lassen auch die von verschiedenen Seiten aufgestellten sogenannten „Dauerversuche“ oder „Ermüdungsversuche“ [2]) erkennen. So führten, nachdem

[1]) E. Preuß, Versuche über die Spannungsverminderung durch die Ausrundung scharfer Ecken, Z. Ver. deutsch. Ing. 1912, S. 1349.

[2]) Näheres über das Verhalten des Eisens bei derartigen Versuchen siehe u. a.: A. Martens, Handbuch der Materialienkunde, S. 206; E. Preuß,

bereits vor mehreren Jahrzehnten Wöhler und Bauschinger sehr umfangreiche Dauerversuche ausgeführt hatten, in neuerer Zeit u. a. Föppl und Stanton[1]) Dauerversuche zum Teil etwa nach Fig. 106 aus. Das freie Ende einer sich ständig drehenden Welle von dem Durchmesser D wurde durch die Kraft P belastet. Dabei traten an der Übergangsstelle a von dem abgesetzten zu dem nicht abgesetzten Ende Spannungen auf, die dauernd zwischen einer größten Zugspannung und einer größten Druckspannung schwankten. Die Übergangsstelle bei a besaß Ausrundungen von verschiedenen Krümmungshalbmessern r, die in der nebenstehenden Zahlentafel angegeben sind. Der Krümmungshalbmesser r = 0 zeigt an, daß es sich um eine vollkommen scharfe Ecke

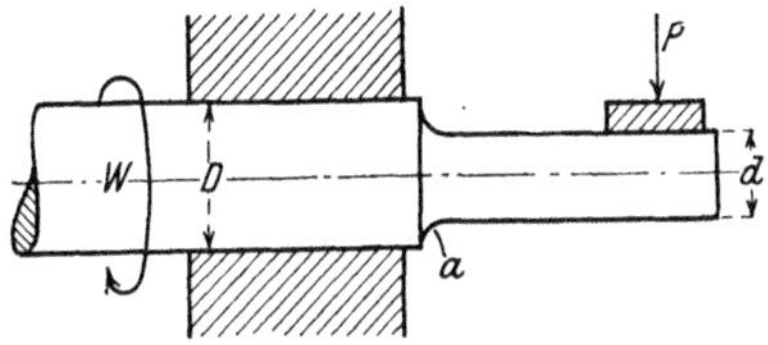

Fig. 106. Schema einer Dauerbeanspruchung.

Beobachter	Material	Krümmungshalbmesser r in mm				
		∞	4	1,5	1,0	0
Föppl	Flußeisen	100	89	—	70	—
Stanton	Holzkohleneisen	100	—	65	—	54
	Flußeisen	100	—	72	—	55
	Schweißeisen	100	—	81	—	60

handelte, und der Krümmungshalbmesser r = ∞ bedeutet, daß die Welle überhaupt nicht abgesetzt war, sondern daß es sich um eine auf ihrer ganzen Länge zylindrische Welle von überall dem gleichen Durchmesser d handelte. Die bei den Dauerversuchen ermittelte Festigkeit dieser nicht abgesetzten Welle mit dem Durchmesser d ist in der nebenstehenden Zahlentafel als 100 gesetzt, und die bei den anderen Wellen mit Hohlkehlen von verschiedenen Krümmungshalbmessern gefundene Festigkeit ist als Vergleichszahl bezogen auf den Wert 100 der nicht abgesetzten Welle, angegeben.

Zur Geschichte der Dauerversuche mit Metallen, Baumaterialienkunde 1906, S. 245, und E. Preuß, Ergebnisse neuerer Dauerversuche, Dinglers Polytechnisches Journal 1907, S. 100.

[1]) Stahl und Eisen 1909, S. 409/10.

Man erkennt aus der Zahlentafel, daß bei dem Krümmungshalbmesser r = 0, also bei vollkommen scharfem Querschnittsübergang, die Festigkeit bei dauernd wechselnden Belastungen nur noch 54 bis 60% der Festigkeit einer nicht abgesetzten Welle beträgt. Aber auch bei dem Krümmungshalbmesser r = 1,5 mm ist eine sehr wesentliche Festigkeitsabnahme bemerkbar. Dies alles weist darauf hin, daß man der sachgemäßen Ausbildung der Querschnittsübergänge gar nicht genug Wert beimessen kann. Man sollte daher auch die Ausrundung derartiger Stellen nicht dem Belieben des Drehers usw. überlassen, der aus Bequemlichkeit im allgemeinen stets dazu neigen wird, die Ausrundungen nicht allzu groß zu machen. Man sollte vielmehr an allen wichtigen Stellen den Krümmungshalbmesser genau auf den Werkstattzeichnungen vorschreiben und für peinliche Innehaltung der vorgeschriebenen Werte Sorge tragen.

Zu welchen schwerwiegenden Folgen die nicht genügende Beobachtung des eben Gesagten führen kann, möge als Beispiel Fig. 107 zeigen. Es handelt sich um den Kreuzkopf einer Dampfmaschine. Der Übergang von der für die Kolbenstange bestimmten Büchse zu dem Kreuzkopfkörper war bei g (Fig. 107) so schlecht ausgerundet, daß hier infolge der dauernd wechselnden Spannungen ein Bruch eintrat. Die schwerwiegenden Folgen dieser anscheinend so geringen Nachlässigkeit bei der Ausrundung der Übergangsstelle bei g läßt der Kreuzkopfkörper selbst sowie die verbogene Kurbelstange, deren Länge von Lochmitte bis Lochmitte 1100 mm betrug, erkennen. Ferner wurde auch der eine Zylinderdeckel herausgedrückt.

Fig. 107. Durch dauernd wechselnde Beanspruchung gebrochener Kreuzkopf nebst Kurbelstange.

Daß der Bruch in diesem Falle nicht etwa auf schlechtes Material, sondern auf die Wirkung des dauernden Spannungswechsels bei der ungenügenden Ausrundung zurückzuführen war, ließ sich mit Sicherheit aus der Form und dem Gefüge der Bruchfläche schließen (vgl. das später zu Fig. 108 Gesagte).

Die mitgeteilte Zahlentafel hat, wie bereits bemerkt, die große Gefahr der scharfen Querschnittsübergänge erkennen lassen. Als ein derartig scharfer Querschnittsübergang ist jede auch noch so kleine Kerbe, vor allem auch alle Gewindegänge und ferner z. B. auch jede noch so feine, mit dem bloßen Auge nicht wahrnehmbare Furche des Drehstahles auf einer sonst vollkommen zylindrisch abgedrehten Welle anzusehen. Man geht daher in neuerer Zeit immer mehr dazu über, hochbeanspruchte und dauernd wechselnden Spannungen unterworfene Wellen usw. nicht abzudrehen, sondern nach dem Vorschruppen auf der Drehbank zum Schluß bis auf den gewünschten Durchmesser abzuschleifen, weil durch die feinen Schmirgelkörner die Oberfläche der Wellen usw. nicht derartige gefährliche Anrisse wie bei dem Abdrehen auf der Drehbank erhalten kann.

Tritt bei Konstruktionsteilen infolge dauernd wechselnder Beanspruchung ein Bruch ein, so sieht die Bruchfläche wesentlich anders aus, als wenn der Bruch z. B. durch Schlagbeanspruchung oder durch eine allmählich gesteigerte Belastung herbeigeführt worden wäre. Die Bruchfläche hat nämlich, wenigstens auf einem größeren Teile ihres Umfanges, ein äußerst feinkörniges, mattes Gefüge, welches fast stets elliptische Bruchlinien erkennen läßt, die alle um den gleichen Punkt herum geschart liegen. Dieser ausgezeichnete Punkt ist der Anbruchspunkt.

Fig. 108 zeigt nach einer Aufnahme von A. Hennings einen derartigen durch dauernd wechselnde Beanspruchung verursachten Bruch einer Lokomotivachse. Man erkennt außerordentlich deutlich, daß die Bruchfläche in zwei nahezu gleich große Hälften zerfällt, die durch die Linie a—b getrennt sind. Rechts von a—b liegt die durch den dauernden Spannungswechsel verursachte Anbruchsfläche. Als durch diesen Anbruch der Querschnitt der Achse bis auf etwa die Hälfte geschwächt worden war, trat dann plötzlich der endgültige Bruch ein, der das normale, links von der Linie a—b liegende Bruchgefüge aufweist.

Die rechts von a—b liegende Anbruchfläche läßt deutlich die elliptisch verlaufenden Linien auf der Bruchfläche, z. B. zwischen e und f, erkennen. Diese Linien scharen sich um den Anbruchspunkt c. Bei d ist ein zweiter derartiger Punkt, wenn auch weniger deutlich erkennbar, um den ebenfalls einige elliptische Linien verlaufen.

Die in Fig. 108 dargestellte Achse war die Triebachse einer Zwillingsheißdampflokomotive gewesen und brach bei dem Anziehen eines Güterzuges. Fig. 109 zeigt die gebrochene zweite Drehgestellachse einer Zwillingsheißdampflokomotive, die einen D-Zug beförderte. Der Bruch trat in dem Augenblick ein, als die

Fig. 108*. Durch dauernd wechselnde Beanspruchung gebrochene Lokomotivachse.

Maschine an einer Umbaustelle in ein Nebengleis abgelenkt wurde. Der Achsbruch war in diesem Falle auf Warmlauf zurückzuführen und man erkennt sehr deutlich den außerordentlichen Unterschied der Bruchflächen der beiden Achsen. Im letzten Falle zeigt die Bruchfläche sehr deutlich die Spuren des Warmlaufes.

Das eigenartige feinkörnige Aussehen der Bruchfläche von Stücken, deren Bruch durch wechselnde Spannungen herbeigeführt wurde, hat sehr häufig Veranlassung dazu gegeben, in solchen Fällen von einem sogenannten „Umkristallisieren“ des Eisens zu sprechen. Man stellt sich dabei unter diesem Wort etwa vor, daß durch die so häufig wiederholten Beanspruchungen und

Stöße, wie sie derartige Teile auszuhalten haben, ein Zerfall des Gefüges eintritt. Dies ist jedoch tatsächlich nicht der Fall. Untersucht man mit Hilfe des Mikroskopes das Kleingefüge in unmittelbarer Nähe jener Bruchflächen, so findet man dort genau dasselbe

Fig. 109*. Durch Warmlauf gebrochene Lokomotivachse.

normale Gefüge wie an anderen von der Bruchstelle entfernten und nicht dauernden Spannungswechseln unterworfenen Orten des gleichen Stückes.

Von einem „Umkristallisieren“ kann also nicht die Rede sein. Das eigenartige Aussehen der Bruchfläche ist vielmehr lediglich darauf zurückzuführen, in welcher Weise der Bruch — in diesem Falle durch dauernd wechselnde Belastungen — herbeigeführt wurde. Entnimmt man z. B. in unmittelbarer Nähe der sehr feinkörnigen Bruchfläche eines infolge dauernder Spannungswechsel gebrochenen Stückes einen Probestab und zerreißt ihn in der üblichen Weise auf einer Zerreißmaschine, so erhält man an der Bruchstelle genau dasjenige Gefüge, das man erhalten hätte, wenn das Material nicht zuvor dauernd wechselnden Spannungen ausgeworfen wäre, und zwar unterscheidet sich jene Bruchstelle sowohl hinsichtlich ihrer Form wie auch ihrer Körnung sehr wesentlich von dem Aussehen der Bruchfläche, die durch dauernde Spannungswechsel herbeigeführt wurde. Die Bruchfläche eines durch wechselnde Belastungen hervorgerufenen Bruches ist also nach allem vorstehend Gesagten so eigenartig, daß man sie fast stets mit dem bloßen Auge als durch diese Ursache bedingt erkennen kann, während die Prüfung der Bruchfläche mittels der Ätzung oder mit Hilfe des Mikroskopes in diesem Falle keinen weitergehenden Aufschluß zu geben vermag.

II. Kupfer. Kupferlegierungen. Weißmetall.

Die Fig. 110—115 zeigen einige Gefügebilder von Kupfer. Um das Kleingefüge des Kupfers sichtbar zu machen, kann man die geschliffenen Flächen einige Sekunden (etwa 1—5 Sekunden) mit konzentrierter Salpetersäure ätzen. Nach dem Ätzen müssen die Proben sofort in Wasser und danach in Ammoniak angespült werden. Noch zweckmäßiger verwendet man für die Ätzung des Kupfers und der Kupferlegierungen ammoniakalische Kupferammoniumchloridlösung. Zu diesem Zweck setzt man der auf S. 2 beschriebenen Kupferammoniumchloridlösung im Lösungsverhältnis 1 : 12 so viel Ammoniak zu, bis der sich bei dem ersten Eingießen des Ammoniaks bildende weiße Niederschlag vollkommen gelöst hat und aus der ursprünglich blauen Lösung eine klare dunkelviolette Lösung geworden ist. In diese Lösung bringt man die Probe etwa 15—100 Sekunden und spült sie danach in Wasser und zum Schluß in Ammoniak oder Alkohol ab.

Fig. 110 zeigt nach einer Aufnahme von Münker das Gefüge eines nach dem Ziehen nicht ausgeglühten Kupferdrahtes. Es sind sehr deutlich die durch das Ziehverfahren langgestreckten Kupferkristalle zu erkennen. Die Probe wurde danach zwei Stunden lang geglüht und hatte dann das in Fig. 111 dargestellte

Gefüge. Man sieht, daß durch das Glühen die langgestreckten Kristalle gänzlich verschwunden sind, und daß sich ein vollständig neues Kristallgefüge gebildet hat, das keine bevorzugte Streckrichtung der Kristalle mehr erkennen läßt.

Fig. 110*. Gezogener Kupferdraht. V = 100.

Fig. 111*. Derselbe Kupferdraht wie Fig. 110, jedoch geglüht. V = 100.

Fig. 112 zeigt das Gefüge eines aus dem Handel bezogenen weichen Kupferdrahtes. Die gleiche Probe wies nach dreistündigem Glühen in einem Hempelschen Glühofen das in Fig. 113 dargestellte Gefüge auf. Man erkennt daraus, daß durch das Glühen die Kristalle des Kupfers in gleicher Weise, wie es früher bei dem Eisen beschrieben worden ist, ganz erheblich gewachsen sind. Bei a ist auch eine bei einem Kristall eingetretene Zwillingsbildung bemerkbar.

Fig. 114 zeigt den gleichen Kupferdraht wie Fig. 113, jedoch nachdem er in einer Schmiedeesse so weit verbrannt worden war, daß eine Perlenbildung am Drahtende stattgefunden hatte. An den Stellen b sind deutlich dunkle Einsprenglinge zu erkennen, die eine tannennadelartige Anordnung aufweisen. Gleiche, aber größere tannennadelartige Einsprenglinge in einer anderen Probe zeigt auch Fig. 115. Diese Einsprenglinge sind von der Oxydation des Kupfers herrührende Kupferoxyduleinschlüsse, die unter dem Mikroskop in hellblaugrauer Farbe erscheinen. Infolge ihres Farbunterschiedes gegen das umliegende rote Kupfer sind sie schon nach dem Schleifen der Proben ohne Ätzung sichtbar.

Weist Kupfer derartige Kupferoxyduleinschlüsse auf, so ist dies ein Zeichen stattgehabter Oxydation (Verbrennung). Erhebliche Kupferoxyduleinschlüsse schwächen naturgemäß den metallischen Zusammenhang des Kupfers, wodurch das Kupfer spröde wird. Man kann die aus Fig. 112—115 gewonnenen Aufschlüsse, d. h. das Wachsen der Kristalle durch Erwärmen und

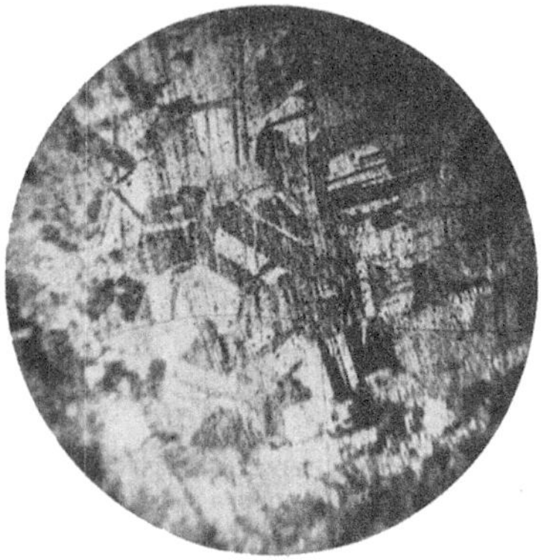

Fig. 112. Kupferdraht. Handelsware. V = 100.

Fig. 113. Derselbe Kupferdraht wie Fig. 112, jedoch 3 Stunden geglüht. V = 100.

Fig. 114. Verbrannter Kupferdraht mit Kupferoxyduleinschlüssen. V = 100.

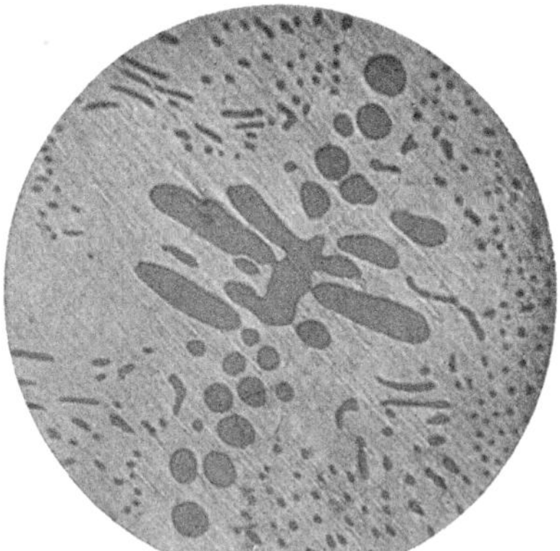

Fig. 115. Kupfer mit Kupferoxyduleinschlüssen. V = 100.

das Auftreten von Kupferoxyduleinschlüssen durch Verbrennen dazu benutzen, um die Arbeitsvorgänge an kupfernen Konstruktionsteilen, z. B. das Auflöten von Flanschen auf Kupferrohre, hinsichtlich der Güte der Arbeitsausführung zu beurteilen bzw. etwaige Bruchursachen aufklären.

Fig. 116 zeigt den Querschnitt einer 5 mm dicken Bronzeplatte, deren Gefüge nach dem Heraussägen der Probe durchaus feinkörnig zu sein schien. Erst nach dem Schleifen und Ätzen der Probe mit der oben angegebenen ammoniakalischen Kupferammoniumchloridlösung trat das bereits mit dem bloßen Auge deutlich erkennbare außerordentlich grobkörnige Gefüge hervor.

Fig. 116. Grobkörnige Bronze.

Hierzu sei bemerkt, daß die Kristallgröße und das Gefüge der Bronze nicht nur von der chemischen Zusammensetzung, sondern auch bei der gleichen chemischen Zusammensetzung in außerordentlich hohem Maße von der Abkühlungsgeschwindigkeit des gegossenen Materials abhängt. Je schneller die Abkühlung innerhalb bestimmter, von der chemischen Zusammensetzung abhängender Temperaturbereiche vor sich geht, um so größer ist die Härte und Festigkeit der Bronze [1]).

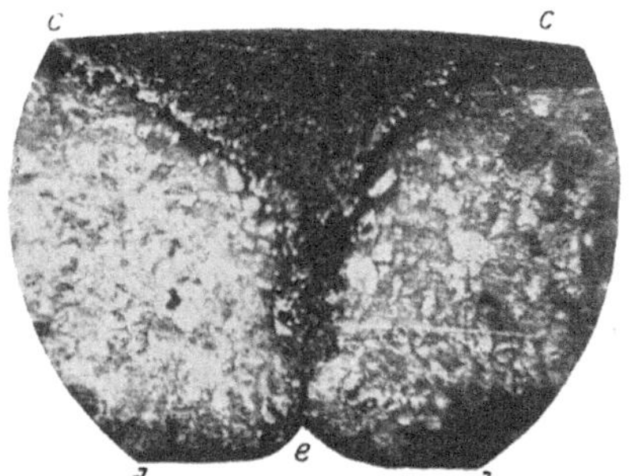

Fig. 117. Lötfuge in einem Messingrohr. V = 40.

Fig. 117 stellt den Querschnitt durch ein etwa 1 mm dickes Messingrohr dar. Die Linie c—c gehört der äußeren Rohrfläche, die Linie d—d der inneren Rohrfläche an. Das Rohr war als nahtloses Rohr geliefert worden. Diese Eigenschaft wurde jedoch von dem Abnehmer bezweifelt und die Materialprüfungsanstalt zu Rate gezogen. Durch äußerliche Betrachtung ließ sich das etwaige Vorhandensein einer Lötnaht nicht einwandfrei feststellen. Es

[1]) Vgl. E. Heyn und O. Bauer, Über den Einfluß der Wärmebehandlung von Bronze auf die Härte. Mitteilungen aus dem Kgl. Materialprüfungsamt zu Berlin-Groß-Lichterfelde-West 1910, S. 344.

wurde daher der Querschnitt der Rohrprobe geätzt. Nach dem Ätzen mit ammoniakalischer Kupferammoniumchloridlösung trat sofort die zwischen den Punkten c—c—e verlaufende keilförmige Lötnaht zutage, die mit Rücksicht auf ihren Kupfergehalt dunkler erschien als das umliegende Messingblech.

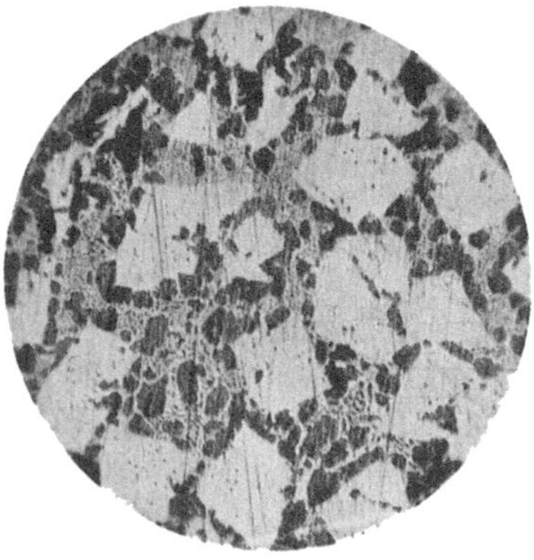

Fig. 118. Grobkörniges Weißmetall. V = 52.

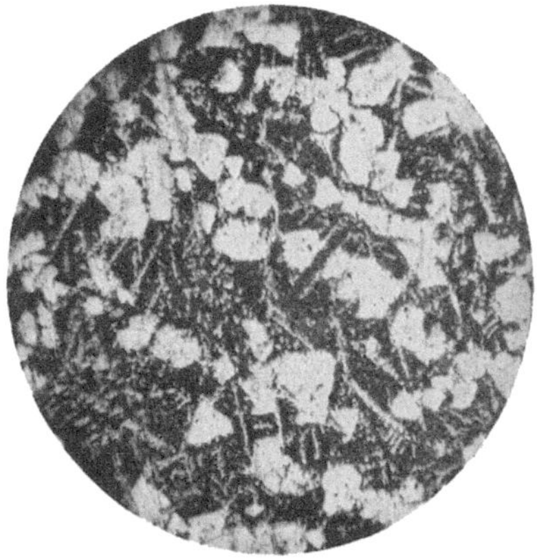

Fig. 119. Feinkörniges Weißmetall. V = 52.

Die Fig. 118 und 119 stellen zwei Proben von Lagerweißmetall der gleichen chemischen Zusammensetzung dar. In beiden Fällen liegen in der zinnreichen dunklen Grundmasse antimonreiche würfelförmige Kristalle. Die Probe der Figur 118 wurde langsam abgekühlt und zeigt ein wesentlich gröberes Gefüge als die Probe der Figur 119, die schnell abgekühlt wurde. Man erkennt, daß in gleicher Weise, wie dies für Bronze ausgeführt wurde, auch bei Weißmetall die Abkühlungsgeschwindigkeit einen außerordentlich hohen Einfluß auf das Gefüge und damit auf die Härte und Druckfestigkeit des Materials hat. Schnelle Abkühlung erzeugt stets feineres Korn und größere Härte und Druckfestigkeit [1]). In vielen Fällen wird daher dem Ingenieur schon die Kenntnis des Kleingefüges, selbst ohne weitere Kenntnis anderer Nebenumstände, wertvolle Aufschlüsse über die Eigenschaften des betreffenden Materiales liefern können.

[1]) Vgl. E. Heyn und O. Bauer, Untersuchungen über Lagermetalle. Weißmetall. Mitteilungen aus dem Kgl. Materialprüfungsamt zu Berlin-Groß-Lichterfelde-West 1911, S. 29.

Figuren-Nachweis.

Figur Nr.	Aufgenommen durch	Literaturquelle, aus der die Figuren entnommen wurden.
10	F. Wüst und H. L. Felser	„Metallurgie“ 1910, Nr. 12, S. 363.
13—14	E. Heyn	„Mitteilungen aus dem Königl. Materialprüfungsamt zu Groß-Lichterfelde-West“ 1906, S. 253.
17—18	E. Heyn und O. Bauer	„Stahl und Eisen“ 1912, Nr. 10, S. 402.
19	E. Heyn	Desgl. wie zu Figur 13—14
22—23	E. Heyn	„ „ „ „ „
46—49	Oberschlesische Eisenindustrie-A.G., Gleiwitz	
50—53	A. Bier	
57	O. Bauer	O. Bauer u. E. Deiß, „Probeentnahme und Analyse von Eisen und Stahl“, Berlin 1912, S. 62.
58	E. Heyn	„Stahl und Eisen“ 1906, Nr. 21, S. 1299.
95—96	O. Bauer und E. Wetzel	„Stahl und Eisen“ 1911, Nr. 6, S. 226.
108—109	A. Hennings	
110—111	E. Münker	„Metallurgie“ 1912, Nr. 6, S. 185.

Literatur-Verzeichnis.

E. Heyn, Die Metallographie im Dienste der Hüttenkunde. Freiberg 1903. Craz & Gerlach.

Tätigkeitsberichte und Mitteilungen aus dem Königlichen Materialprüfungsamt zu Berlin-Groß-Lichterfelde-West. Berlin. Julius Springer.

Paul Görens, Einführung in die Metallographie. Halle a. S. 1906. Wilhelm Knapp.

Rudolf Ruer, Metallographie in elementarer Darstellung. Hamburg und Leipzig 1907. Leopold Voß.

E. Heyn u. O. Bauer, Metallographie. Leipzig. Sammlung Göschen, Bd. Nr. 432 und 433.

O. Kröhnke, Kurze Einführung in den inneren Gefügeaufbau der Eisenkohlenstofflegierungen. Berlin 1911. Verlagsanstalt Concordia.

O. Bauer u. E. Deiß, Probeentnahme und Analyse von Eisen und Stahl. Berlin 1912. Julius Springer.

A. Martens, Handbuch der Materialienkunde. II. Teil von E. Heyn, Die technisch wichtigsten Eigenschaften der Metalle und Legierungen. Berlin 1912. Julius Springer.

Druck der Königl. Universitätsdruckerei H. Stürtz A. G., Würzburg.

Die Wärmebehandlung der Werkzeugstähle. Autor. Bearbeitung von „The heat treatment of tool steel" von **Harry Brearley.** Von Dr.-Ing. **Rudolf Schäfer.** Mit 199 Textfiguren.
In Leinwand gebunden Preis M. 8.—.

Die Werkzeuge und Arbeitsverfahren der Pressen. Völlige Neubearbeitung des Buches „Punches, dies and tools for manufacturing in presses" von **Joseph V. Woodworth.** Von Privatdozent Dr. techn. **Max Kurrein**, Betriebsingenieur des Versuchsfeldes für Werkzeugmaschinen an der Kgl. Technischen Hochschule zu Berlin. Mit 683 Textfiguren und 1 Tafel. In Leinwand gebunden Preis M. 20.—.

Handbuch der Fräserei. Kurzgefaßtes Lehr- und Nachschlagebuch für den allgemeinen Gebrauch in Büro und Werkstatt. Gemeinverständlich bearb. von den Ingenieuren **Emil Jurthe** und **Otto Mietzschke.** Vierte, umgearbeitete und vermehrte Auflage. Mit 362 Abbildungen, Tabellen und einem Anhang über Konstruktion der gebräuchlichsten Zahnformen bei Stirn- und konischen Getrieben, sowie Schnecken- und Schraubenrädern und die dafür festgesetzten Normen. In Vorbereitung.
In Leinwand gebunden Preis etwa M. 10.—.

Über Dreharbeit und Werkzeugstähle. Autorisierte Ausgabe der Schrift „On the art of cutting metals" von **Fred W. Taylor.** Von **A. Wallichs**, Professor an der Technischen Hochschule, Aachen. Dritter, unveränderter Abdruck. Mit 119 Textfiguren und Tabellen.
In Leinwand gebunden Preis M. 14.—.

Rationelle mechanische Metallbearbeitung. Gemeinverständliche Anleitung zur Durchführung einer Normalisierung und rationellen Serienfabrikation zum Gebrauch in Werkstatt und Büro. Von **Martin H. Blancke**, konsultierender Ingenieur für Fabrikation, Berlin. Mit 34 Textfiguren. In Leinwand gebunden Preis M. 2.40.

Die Schleifmaschine in der Metallbearbeitung. Von **H. Darbyshire.** Autorisierte deutsche Bearbeitung von **G. L. S. Kronfeld.** Mit 77 Textfiguren. In Leinwand gebunden Preis M. 6.—.

Die Werkzeugmaschinen und ihre Konstruktionselemente. Ein Lehrbuch zur Einführung in den Werkzeugmaschinenbau von Prof. **Fr. W. Hülle**, Oberlehrer an den Kgl. vereinigten Maschinenbauschulen in Dortmund. Vierte, verbesserte Auflage. Mit etwa 16 Tafeln. In Vorbereitung. In Leinwand gebunden Preis etwa M. 20.—.

GPSR Compliance

The European Union's (EU) General Product Safety Regulation (GPSR) is a set of rules that requires consumer products to be safe and our obligations to ensure this.

If you have any concerns about our products, you can contact us on ProductSafety@springernature.com

In case Publisher is established outside the EU, the EU authorized representative is:

Springer Nature Customer Service Center GmbH
Europaplatz 3
69115 Heidelberg, Germany

Batch number: 10682439

Printed by Printforce, the Netherlands